贵州师范学院博士项目（2019BS004）和国家自然科学基金项目（31370656）资助

蒙古栎和红松凋落物含水率动态变化影响因素及预测模型研究

U0349126

张运林　著

中国农业科学技术出版社

图书在版编目（CIP）数据

蒙古栎和红松凋落物含水率动态变化影响因素及预测模型研究 /
张运林著 . —北京：中国农业科学技术出版社，2020. 8

ISBN 978-7-5116-4888-4

Ⅰ.①蒙…　Ⅱ.①张…　Ⅲ.①森林生态系统—研究　Ⅳ.①S718.55

中国版本图书馆 CIP 数据核字（2020）第 138838 号

责任编辑　李　华　崔改泵
责任校对　贾海霞

出 版 者　中国农业科学技术出版社
　　　　　　北京市中关村南大街12号　　　邮编：100081
电　　话　（010）82109708（编辑室）（010）82109702（发行部）
　　　　　　（010）82109709（读者服务部）
传　　真　（010）82106650
网　　址　http://www.castp.cn
经 销 者　各地新华书店
印 刷 者　北京建宏印刷有限公司
开　　本　710mm×1 000mm　1/16
印　　张　7.5
字　　数　125千字
版　　次　2020年8月第1版　　2020年8月第1次印刷
定　　价　68.00元

前　言

随着全球气候变暖，极端天气频发，森林火灾发生次数不断增加，对人民生命财产安全、社会稳定和经济发展造成极大威胁。林火预测预报是目前重要的林火管理手段，通过测定和计算一些自然和人为因素，结合气象条件及林内可燃物干燥程度等指标来预测森林可燃物被引燃的概率、发生森林火灾后一系列火行为指标和控制的难易程度等，提高林火预测预报精度，对于制定合适地预防和扑救措施具有重要意义。

林火预测预报需要研究与森林火灾发生相关的信息，包括气象要素、可燃物理化性质、地形条件和人类活动等。其中，森林可燃物作为森林火灾的必要条件，是林火预测预报中最重要的研究对象。可燃物含水率表示可燃物内部水分含量，其值直接决定了被引燃的概率和被引燃后的一系列火行为指标，是进行林火预测预报的关键指标。而地表细小死可燃物，特别是林内凋落物，作为森林可燃物的重要组成部分和森林火灾引火物，其含水率大小直接影响林火发生概率和初始蔓延速率等。因此，弄清凋落物含水率动态变化情况，特别是对气象要素的响应机理，并建立高精度的含水率预测模型，对于提高林火预测预报精度，降低森林火灾造成的损失十分必要。

对于特定凋落物，其含水率预测误差较大的原因主要是由于对凋落物日变化过程过于简化造成的。过去由于气象要素观测技术的局限性，每日气象要素监测次数有限，无法完整地反映每日气象要素动态变化，因此凋落物也只能通过一天中某一个（两个）时刻的气象要素值进行预测，无法得到凋落物含水率日动态变化与气象要素的响应关系。随着科学技术发展，气象要素能够以1h或者更短时间进行监测，因此，建立一种基于气象要素日变化过程且计算过程简单的凋落物含水率的预测方法成为现实。林火研究者也开展了大量的凋落物含水率日变化研究，Wagner建立了以时为步长的凋落物含水率预测方法；Catchpole提出直接估计法，以水分扩散方程为模型主体，利用气象要素和实测值对模型参数进行拟合，并对以时为步长进行了凋落物含水率预测研究，误差仅为2.3%～5.2%；Slijepcevic等基于加拿大火险天气指标（FWI）中地表细小死可燃物湿度码（FFMC）进行凋落物以时为步长预测，模型误差也低于7%。虽然以时为步长进行含水率预测大大提高预测精度，但还存在一些误差，此时主要是含水率预测模型中一些关键参数选择的问题，例如降雨和凝露后凋落物含水率最大的设定值偏低，不同风速时失水系数设定值不合理等原因。此外，野外凋落物床层结构复杂，不同结构凋落物床层，其对气象要素的响应也不同。综上，要提高凋落物含水率预测精度，必须分析不同凋落物床层结构的含水率日动态变化对气象要素的响应机理，建立关键参数的预测模型，最终得到高精度的以时为步长的凋落物含水率预测模型。

本书以黑龙江典型林分蒙古栎和红松林下凋落物为研究对象，通过室内控制试验，分析单独气象要素（空气温度、相对湿度、风速和降水量）对不同结构凋落物床层含水率动态变化的影响，并建立含水率预测模型中一些关键参数：平衡含水率、失水系数、饱和含水率和饱和时间的预测模型。此外，以时为步长连续监测野外凋落物含水率，并选择Nelson法、Simard法和气象要素回归法建立以时为步长的高精度的凋落物含水率预测模型，并比较3种方法的预测精度。本书以科学研究论文的形式为读者详细介绍研究的试验过程和得到的一些结论，适用于林火管理和对森林防火有兴趣的林学相关人员参考使用，力求能够为凋落物含水率研究提供理论依据。

本书研究过程得到贵州师范学院博士项目（2019BS004）和国家自然科学基金项目（31370656）的资助，为贵州师范学院2019年度博士课题和国家自然科学基金研究成果。

本书撰写过程中，得到贵州师范学院生物科学学院、东北林业大学林学院森林防火学科师生的帮助，谨在本书出版之际，向所有对本书完成给予帮助和支持的专家学者表示最诚挚的谢意。

由于作者水平有限，书中难免有错误和不足之处，敬请读者提出宝贵意见，以便今后修订与完善。

著　者

2020年6月

目 录

1 绪论

1.1 研究背景

森林作为陆地上最大的生态系统，是以乔木为主体的生物群落，具有丰富的物种，复杂的结构，多种多样的功能，不仅为人类提供了大量林产品，而且维持生物圈平衡，被誉为"地球之肺"。第八次全国森林资源清查表明，当前我国森林总面积为$2.08 \times 10^9 hm^2$，森林覆盖率为21.63%，在全世界排名分别为第5位和第6位，人工林面积为$6.9 \times 10^8 hm^2$，位居全世界第1位。但是，中国依旧属于森林资源极其匮乏、生态环境十分脆弱的国家，我国人均水平的森林蓄积量只占到全世界人均水平的15%左右，森林资源总量不足，质量差，分布严重不均，因此保护和改善森林资源迫在眉睫。

从森林出现、发生、发展、演替直至消亡的过程，都离不开火的影响和作用。对于森林生态系统来讲，火是一个重要的生态因子[1]。火与所有的生态因子相同，都具有两重性，既可以促进生态系统的演替，也会严重损害森林资源。因此需要掌握森林火灾发生规律，及时将林火危害遏制在最小状态，充分发挥林火有益的一面[2]。人类对于火的认识随着社会文明及科技水平的发展在不断变化，从最初的原始用火阶段，发展到如今利用GPS、红外探火，遥感技术、航空巡护等现代技术应用在林火管理上。其中，林火预测预报能够对森林火灾的发生和控制占有主动权，对于遏制森林火灾发生发展意义重大，逐步成为现代林火管理工作的重点。

林火预测预报是通过测定和计算一些自然（雷击火）和人为（烧荒、烟头、烧纸等）因素，结合气象条件及林内可燃物干燥程度等指标来判断森林可燃物被引燃的概率，发生森林火灾后一系列火行为指标和其控制的难易程度等，不仅是林火管理的重要手段，也是森林防火工作从传统经验模式转向现代化集约管理的重要技术方法。由于温室效应气候变暖，森林火灾发生次数不断增加，随着人民生活水平提高，科学技术水平迅猛发展，世界各国林火管理和科研人员越来越重视对林火预测预报的研究与应用[3]。林火预测预报能够对发生的森林火灾不确定性进行预报，估测林火的灾害程度并给出相应的应对措施[4-6]。为了减少森林火灾造成的损失，就需要针对林火发生可能性及一系列火行为特点，制定相应的措施提前应对。而能否做到"打早""打小""打了"，制定合适的扑救措施，也主要取决于林火预测预报是否准确，预报精度是否达到预防扑救的需求[7]。因此，林火预测预报研究的主要任务就是提高林火预测精度，为林火管理决策者提供准确的技术支撑。

林火预测预报研究需要探究与森林火灾相关的信息，包括天气条件、可燃物特征、地理条件、人类活动等方面[6, 8, 9]。其中森林可燃物是林火发生的载体，是林火预测预报中最重要的研究对象。可燃物含水率决定了其燃烧的可能性和发生火灾后一系列的火行为[10-13]，是进行林火预测预报研究最重要的依据，其中地表细小死可燃物，特别是林内凋落物是森林引火物，决定着林火发生概率及初始蔓延速率等。因此，弄清不同结构的林内地表凋落物床层含水率动态变化对各种气象因子的响应及预测模型研究是林火预测预报的核心任务[1, 14-16]，是当前林火预测预报研究的重要内容。此外，进一步提高地表凋落物含水率预测的准确性研究一直也是林火科学的重要研究部分。

1.2 研究综述

1.2.1 林火预测预报研究

林火预测预报是指依据环境因子、可燃物特征及火源出现频率估测林火发生概率及发生森林火灾后火行为发展状态，并给出相应的应对措施。其中环境因素是指能够反映天气干燥程度的气象要素，主要包括风速、空气温度、相对湿度和降雨；可燃物特征一般选择可燃物含水率，主要是地表凋落物含水率。引发森林火灾的因子多元而复杂，一旦发生森林火灾，对当地人民生命安全、社会文化、经济、生态甚至政治都有很大影响，因此林火预测预报一直是全世界林火管理和研究的重点。

国外林火预测预报研究起步较早。美国学者Dubois在1914年发表了关于加利福尼亚州（California）森林防火系统的研究，提出林火预测预报的概念，给出了对林火预测有影响的一些气象要素。虽然仅是局限于概念性的描述，也没有进行定量研究，但其开创了对林火预测预报的研究。与此同时，苏联学者同步利用柏树枝条预估了林火发生的概率。1925年，美国与加拿大林火学者都开始系统地进行林火预测预报研究，加拿大学者Wright认为空气相对湿度能够作为反映林火发生可能性的指标，并指出当空气相对湿度≥50%时，就不可能发生森林火灾。美国学者Gisborne[9]提出了利用多种气象因子预报林火发生可能性，并研制"火险尺"进行火险预报。20世纪50年代之前，虽然每个国家采取的森林火险预报方法不同，但其原理都是利用简单气象要素反映森林火灾发生的可能性，是单纯的火险天气预报。随着计算机水平及社会需求等不断发展，到了20世纪50—60年代，林火预测预报研究也开始迅猛发展。Deeming等在1972年开发了美国国家火险等级系统（NFDRS），并于1976年对该系统进行了修正，系统包含了"火险预报""火发生预报"及"火行为预报"，考虑指标齐全。1987年，加拿大发表了该国森林火险等级系统（CFFDRS），其是在大量的实测数据、历史资料以及点烧数据基础上得到的，每天仅需要监测空气温度、相对湿度、降水量及风速4个气象要素指标，就可以判断林火发生的可能性。Rothermel[10]等在1986年研发了BEHAVE火行为模型，林火管理者只需要知道火灾发生时的一些基本信息，即可进行火行为预测。

我国林火预测预报研究从20世纪50年代开展，相较于林业发达国家，我国起步较晚。此时的研究主要是将苏联、加拿大和美国等国家的方法应用到我们国家，并提出适用于我国的新方法，例如"风速补正综合指标法""双指标法"等。20世纪80年代以后，我国森林防火研究得到了快速发展，特别是1987年"5·6"大火以后，我国越来越重视森林火灾发生，林火预测预报也从单纯的火险天气预报逐步转化为林火发生预报及林火行为预报。

由于森林火灾发生的复杂性，不同森林类型、地形地势、气候条件等对林火发生的可能性及发生林火后的一系列火行为都不同，所以林火预测预报系统并不具有广泛的适用性和外推性，对于不同森林类型，需要重新建立林火预测预报系统，或者重新估计参数。只有做好林火预测预报，才能达到我国林火扑救的总原则"打早""打小"及"打了"。要想做好林火预测预报，提高林火预报的精确度和准确性，就需要从林内可燃物引燃机理、燃烧学原理、可燃物特征、火源引燃能力等方面研究[17]。森林火灾发生，往往都是最先引燃森林地表凋落物，其含水率决定了林火发生的可能性以及发生森林火灾后一系列火行为指标，是林火发生的决定条件。因此，林内地表凋落物含水率动态预测模型研究成为林火预测预报重要内容[10, 13, 18-23]，受到国内外学者的广泛重视。

1.2.2　森林地表凋落物含水率研究

森林地表凋落物是指森林内凋落至地表没有分解的落叶、球果和花片等。可燃物含水率表征其内部水分含量的多少，直接影响可燃物达到燃点的快慢程度及其被引燃后释放热量多少，对林火发生的可能性、火行为指标等有极显著影响。当可燃物含水率较高时，特别是地表凋落物含水率超过35%时[24]，几乎不可能被引燃，森林火险等级低，很难发生森林火灾；当凋落物含水率较低时，不仅提高了被引燃可能性，而且能够显著增加林火蔓延速率，加大扑救难度[11]。

可燃物含水率动态变化主要受自身理化性质及可以反映天气干燥程度的环境因子作用，掌握其变化情况，就能及时掌握林火发生可能性及规律，是进行林火预测预报的基础[25]。林火预测预报必须依托于可燃物含水率，特别是林内地表凋落物含水率预测更是林火预测预报的重中之重，是预报系统中最核心的内容[10, 11, 13, 18, 21, 26-29]。例如，当地表凋落物含水率预测值低于实测值3%~4%时，就会给美国国家火险等级系统（NFDRS）中点燃组件（IC）造成100%的误差[30]，因此构建准确率高的凋落物含水率预测模型，能够显著提高火险预报系统的准确性。不同类型的凋落物与外界水汽交换情况不同，蜡质及木质素成分含量不同的凋落物，其含水率变化速率及最大含水率值都不相同，对于每个森林类型的不同凋落物，都需要构建适合的含水率预测模型。随着对林火预测预报精度需求的增加，对凋落物含水率预测模型的研究也不断深入[31]，并取得了很多成果。

凋落物含水率研究最早可追溯至20世纪20年代，一些发达的林业国家如加拿大、美国等就开始对凋落物含水率进行研究，特别是对凋落物含水率与气象要素之间的联系进行深入研究。1925年，Gisborne[32]分析了Peist的试验资料，得到林内地表凋落物含水率在3种不同环境下的变化情况，也得到凋落物燃烧难易程度之间的影响。到20世纪40年代中期，Byram[33]等分析了凋落物含水率、平衡含水率与太阳辐射三者相互之间的关系，开始了凋落物含水率动态变化的研究。随着科学技术发展及对凋落物含水率预测精度要求提高，这方面的研究越来越多，也越来越广泛[34]。Catchpole[35]等提出了利用直接估计法预测凋落物含水率，提高凋落物含水率预测精度；Toomey[36]等利用GIS等技术大尺度地预测可燃物含水率，这种方法虽然尺度较大，但预测精度低，不能达到林火预报的精度要求；更多的学者开展了各种林型下凋落物含水率预测的研究[37-43]。这些工作为地表凋落物的含水率预测研究奠定了基础，可以根据不同的林型、林内小气候等选择不同方法进行含水率预测，对于地表凋落物含水率研究工作有指导意义。

1.2.3　森林地表凋落物含水率影响因子研究

凋落物含水率是表征凋落物的物理性质，表示凋落物内部水分含量，其变化主要受气象因子（空气温度、相对湿度、风速、降雨）及地形条件（坡度、坡向、坡位）等要素影响。

1.2.3.1　空气温度和相对湿度

空气温度及相对湿度是对地表凋落物含水率变化影响最主要的要素，两者在自然条件下相互作用[44-46]。地表凋落物含有定量水分，其水分含量与所处环境的空气温度和相对湿度有关。空气温度增加，导致空气中饱和水气压增加，空气相对湿度下降，地表凋落物中水分加速蒸发，含水率下降。空气温湿度也影响凋落物的平衡含水率及时滞，Simard[47]于20世纪60年代末以木材为研究对象，给出了不同空气湿度条件下木材含水率失水过程的平衡含水率模型。Van Wagner[48]以空气温度和相对湿度为自变量，建立了凋落物失水和吸水过程的平衡含水率方程。随后Anderson[30]在Van Wagner研究的基础上，以西部黄松（*Pinus ponderosa*）为研究对象，构建了新的平衡含水率模型。

1.2.3.2 风速

风速对地表凋落物含水率动态变化过程有重要的影响，是进行凋落物含水率预测中主要的因子。Byram[33]在1943年就开展了风速对凋落物含水率动态变化情况的研究。风速对凋落物含水率动态变化的专门研究比较少，主要通过结合温湿度进行研究。Britton[49]等分析了不同温湿度及风速条件下凋落物失水和吸水速率变化情况，并以温湿度和风速为自变量，建立了平衡含水率和失水速率的线性预测模型。Van Wagner[50]也进行风速对凋落物含水率失水和吸水过程影响方面的研究，但并未构建相应的模型。张俪斌等[51-53]分析了单独风速对红松和蒙古栎凋落物床层失水系数和失水时间的影响，发现风速对其的影响还受凋落物床层的初始含水率及密实度的作用。

1.2.3.3 降雨

降水量和降雨持续时间决定凋落物床层达到饱和所需时间及饱和含水率的大小，进而影响森林火灾发生情况。降水量≤1mm时，对凋落物床层含水率变化造成的影响微乎其微，几乎不会左右森林火灾发生与否；降水量在1～5mm时，会在一定程度上降低林火发生概率；当降水量≥5mm时，地表凋落物含水率显著增加，几乎不可能被引燃，发生林火概率极低[1]。由于降雨因子的特殊性，单独研究降雨对凋落物含水率影响的成果很少。Pech[26]分析在不同降雨持续时间下，不同初始含水率的地衣的饱和含水率及变化情况。马壮[54]利用降雨模拟器，在实验室内分析不同类型的地表凋落物在不同降水量和持续时间下，凋落物床层含水率的变化情况。

1.2.3.4 地形条件

地形差异会造成空气温湿度、风速等气象因子的重新分配，在特殊的地形条件下形成局部小气候[55]。地形因子通过影响局部小气候间接影响该地区地表凋落物含水率的变化。地形因子包括坡度、坡向、坡位、海拔等。坡度越大，土壤水分含量较低，地表底层凋落物含水率也会发生变化[56]；南坡（阳坡）接收太阳辐射要远大于北坡（阴坡），促进凋落物水分蒸发，阳坡地表凋落物含水率低于阴坡[57, 58]；空气温度与海拔为负相关关系，随着海拔升高，空气温度下降，空气相对湿度升高，林内地表凋落物含水率增加[1]。

1.2.4 森林地表凋落物含水率预测预报研究

1.2.4.1 平衡含水率和时滞基本概念

森林地表凋落物含水率预测模型研究中使用最广泛的是基于平衡含水率和时滞法。平衡含水率是指在一定的空气温度和相对湿度条件下，将凋落物无限放置于该环境中至凋落物含水率不再变化为止，此时凋落物含水率为该环境条件下的平衡含水率（EMC）。当凋落物含水率达到平衡含水率时，与外界水汽停止交换。同种凋落物类型在相同环境条件下时，凋落物失水过程和吸水过程得到的平衡含水率不同，一般吸水过程的平衡含水率要比失水过程低2%[59]。同种凋落物平衡含水率主要受空气温度和相对湿度的影响，空气温度升高，相对湿度下降，会降低凋落物平衡含水率。

凋落物含水率达到平衡含水率时需要一定的时间，有一定滞后性，称为时滞（Timelag）。时滞主要是用来形容凋落物含水率变化速率，时滞越小，表示其对外界环境因子的响应越敏感，含水率变化速率越快。一些学者认为，在试验条件下，时滞与反应时间相同，即凋落物失去其最初含水率和平衡含水率之差的63%（$1-e^{-1}$）的水分所需要的时间[12, 60, 61]。传统观念认为凋落物时滞主要与凋落物大小有关系，认为凋落物直径越细，时滞越小[15, 62]。但随着更多研究深入，认为凋落物时滞不仅与大小有关，还与凋落物床层密实度、组成、厚度及凋落物表面积体积比等有一定关系[48, 60]。

1.2.4.2 森林地表凋落物含水率预测方法研究

在当前的4种主要凋落物含水率的预测方法中[16]，遥感估测法是基于遥感指数与林冠层含水率之间的相关关系进行预测，适用于大尺度火险评价，一般不能用于小尺度的地表凋落物含水率预测[36, 63]。过程模型因其复杂，很难在火险预报中得到应用[18, 34, 64-66]。气象要素回归法和时滞法是各国火险等级预报系统中地表凋落物含水率的主要预测方法，但这些方法目前存在一定误差。其中，气象要素回归法误差较大，可达15%或更高[67, 68]，且由于森林地表凋落物含水率的空间异质性很大[27]，使用这类方法空间局限大，难以外推[34]。时滞法的主体预测方程是从物理的扩散方程推导得出[23, 35]，但在有关参数的估计中主要采用试验方法获取，因此是一种半物理方法，兼有过程模型与统计模型的优点[28, 69]，已成为美国国家森林火险系统

（NFDRS）、加拿大森林火险等级（CFDRS）等主流森林火险等级系统中
地表凋落物含水率预测的核心方法[30, 31, 35, 48, 59, 60, 70-77]。该方法比气象要素
回归法精度高，但也存在一定误差[78-80]，在一些情况下甚至可导致火险等级
相差一到两级[75, 80]。

产生误差的原因：一是对地表凋落物含水率日变化过程过于简化而造成
的误差[18, 34, 64]，二是因方法外推和适用性差而造成误差。对于特定的凋落
物而言，前者是主要误差来源，本研究也针对此类误差开展[74, 81-83]，分析
林内地表凋落物含水率变化过程中对气象因子响应具体过程，特别是关键参
数（平衡含水率、时滞及饱和含水率等）与气象因子之间的关系，并研究野
外凋落物含水率实际日动态变化过程，构建以时为步长的凋落物含水率预测
模型。

1.2.4.3　森林地表凋落物含水率日变化过程研究

森林地表凋落物含水率对气象要素变化非常敏感。在一天中，空气温
度和相对湿度具有比较稳定的日变化过程，凝结水次之，这些气象要素和天
气现象的日变化使地表凋落物的含水率经历着在上午某时刻开始失水，在达
到一天的最小值后开始吸水，随着温度下降及凝结水的出现，逐渐饱和，到
第2d上午又开始失水的日变化过程。随机出现的风和降雨进一步使该过程复
杂。因此，地表凋落物含水率具有强烈的日变化过程。

以前的气象观测中每天观测次数有限，难以提供能够反映上述气象要素
和天气现象日变化过程的详细信息，地表凋落物含水率的预测只能根据一天
中某一个（两个）时刻的气象要素观测值来计算。现有火险系统基本沿袭了
过去的方法，因此，林内地表凋落物含水率的预测仍然是以天为计算单位，
例如，加拿大系统用中午温度、湿度、风速和前24h的降水量作为预测要素
计算凋落物含水率，美国采用日最大、最小温湿度等气象要素，而其他一些
统计模型直接采用某一时刻的气象要素代入回归模型[37, 40, 67, 68, 84-86]。这就
产生了因对林内地表凋落物日变化过程简化而造成的误差。

随着气象观测技术的发展，气象要素能够以1h或者更短的时间间隔观
测，林火科学家也认识到火行为模型对凋落物含水率十分敏感，准确的林
火预报需要比天更短的时间尺度（如以1h为单位）上的地表凋落物含水率
数据，建立一种基于气象要素和天气现象的日变化过程且计算过程简单的

地表凋落物含水率的预测方法十分迫切，所以很早就开展了地表凋落物含水率日变化的研究，主要集中在对加拿大火险天气指标系统（FWI）的修正上[48, 61, 87]，如假设温湿度以某种固定形式日变化的条件，Van Wanger[48]建立了以时为步长的地表凋落物含水率预测方法；Lawson等[61]建立了从下午4时含水率推算出其他时刻的含水率模型；Catchpole[35]于2001年建立了用野外数据直接估计可燃物含水率的方法，对地表凋落物含水率日变化过程进行了研究，预测误差为2.3%~5.2%；Slijepcevie和Amderson[69]用基于FWI的方法对桉树林下凋落物含水率进行预测，预测误差为4.3%~6.2%。随着气象观测技术的发展，气象要素能够以1h或者更短的时间间隔连续监测，一些学者开始着手在地表凋落物含水率预测中考虑气象要素日变化过程和相关天气现象的影响，形成了基于过程模型的凋落物含水率预测方法。但这方面的研究还很少，只产生了两个物理过程模型，Matthews[34, 64]建立的含水率预测模型参数多，需要至少26个参数，计算过程复杂，很难得到实际应用，虽然后期其对模型进行了简化，但已变成了不考虑日变化的半物理方法；Nelson模型是针对10h时滞的湿度棒开发得到的，其含水率变化驱动机理与地表凋落物相差较大，模型误差大，也不适用于火险预报业务[18]；Carlson[88]对Nelson模型进行了修正，并应用于1h、10h、100h及1 000h时滞的湿度棒上，该模型对于10h时滞以上的湿度棒含水率预测效果好，但对于1h时滞湿度棒含水率误差较大。

Nelson等的预测模型误差较大的原因有很多，包括含水率变化过程描述的问题，一些关键参数选择的问题，例如降雨和凝露出现后凋落物含水率最大值的设定值偏低等。此外，野外地表凋落物床层结构复杂，其含水率变化过程要比同质规则的湿度棒复杂，用此模型预测野外地表凋落物含水率的误差可能会更大，需要进一步改进。要提高凋落物含水率预测精度，减少误差，就需要考虑相关气象要素变化过程对地表凋落物含水率变化的影响，特别是空气温湿度、降雨、风速等的影响，建立一种基于气象要素和天气现象的日变化过程且计算过程简单的地表凋落物含水率预测方法，对于研究地表凋落物含水率预测有重要意义。

综上，物理过程模型虽然有助于理解凋落物失水和吸水过程的现象，但往往因使用过多的方程和参数，受现有研究深度限制，每个方程和参数又都有一定的不确定性，这些不确定性的积累导致模型整体不确定性增加和误差增大。气象要素回归法作为一种统计模型，是当前主流的含水率预测方法，以时为步长，分析林内地表凋落物含水率变化与气象因子之间的关系，建立凋落物含水率预测模型，对于地表凋落物含水率日变化预测模型研究十分必要。此外，半物理模型作为物理过程模型和统计模型的综合，主体方程基于水汽交换的扩散方程推导，在平衡含水率响应方程上可采用基于物理推导的形式[59]或其他统计模型[16]，但模型参数通过试验数据估计获取，兼有物理方法普适可靠和统计模型简单易用的优点，具有推广前景。因此，本研究在进行林内地表凋落物含水率日变化过程预测模型的研究时，选择统计模型及半物理模型。

1.3　研究目的和意义

气象要素的日变化和相关过程的影响是产生地表凋落物含水率日变化过程的驱动力，本研究的主要研究目的为以下4个方面。

（1）研究不同结构地表凋落物床层含水率动态变化对温湿度的响应机理，建立基于温湿度的平衡含水率和失水系数预测模型。

（2）研究地表凋落物含水率动态变化对风速的响应机理，建立基于风速的失水系数预测模型。

（3）研究地表凋落物含水率动态变化对降雨的响应机理，建立雨后凋落物饱和时间及饱和含水率预测模型。

（4）研究地表凋落物含水率日动态变化过程，建立以时为步长的凋落物含水率预测模型，分析模型误差。

通过对林内地表凋落物床层含水率、气象要素和相关天气现象的日变化进行的野外和室内连续观测及相应模拟试验，揭示空气温度、相对湿度、风速和降雨4种重要气象因子对地表凋落物含水率的影响机理，以时为步长建立地表凋落物含水率日变化预测模型，为构建更准确的地表凋落物含水率的预测方法提供技术支持，为构建高精度的地表凋落物含水率预测技术和新一代森林火险预报系统提供关键支撑技术。我国目前正在进行国家火险等级系统建设，还缺乏本土方法和参数。本研究能够为我国的森林火险预报系统的建设提供方法和可用的关键参数。也能够深化对此问题的科学认识，为今后深入研究、探索其他更有效的预测方法提供借鉴。

1.4 研究内容

蒙古栎主要分布在我国东北及内蒙古自治区等地，其是红松针阔混交林及兴安落叶松林重要伴生树种，蒙古栎地表凋落物叶片面积大，且极易蜷缩，特别容易被引燃[51, 89]。红松是黑龙江省温带森林生态系统中主要树种，一旦发生森林火灾会造成很大损失[90]。两种凋落物是黑龙江林区重要的可燃物类型。以蒙古栎和红松地表凋落物床层为研究对象，通过对其含水率、气象要素和相关天气现象的日变化进行野外监测和室内模拟研究，建立以时为步长的地表凋落物含水率日变化过程的预测模型。其中，室内控制试验中各气象要素对含水率变化的单独影响与凋落物床层结构显著相关[51]，因此通过构建与野外相似的不同密实度凋落物床层，研究各气象要素对不同密实度的凋落物床层含水率日变化过程的单独影响，并获取相关参数。凋落物床层含水率日变化过程的野外连续观测用于获取各气象要素和天气现象对含水率日变化进行的综合影响数据，选择合适的模型形式，建立误差小、精度高的凋落物含水率预测模型，具体研究内容如下。

（1）控制条件下，地表凋落物床层含水率动态变化对温湿度的响应。构建与野外凋落物床层相似特征的室内凋落物床层，通过对实验室内无风、控制变温湿条件下凋落物含水率变化过程的测定，建立温度和相对湿度对凋落物含水率变化的影响模型，揭示凋落物含水率日变化过程的主体驱动机制。

（2）控制条件下，地表凋落物床层含水率动态变化对风速的响应。构建与野外凋落物床层相似特征的室内凋落物床层，通过对实验室内不同风速条件下的凋落物床层含水率变化过程的测定，确定风速对凋落物含水率动态变化的影响，并建立相应关键参数的预测方程，揭示凋落物含水率动态变化受风速影响的机理。

（3）控制条件下，地表凋落物床层含水率动态变化对降雨的响应。构建与野外凋落物床层相似特征的室内凋落物床层，通过对实验室内人工降雨后的凋落物含水率变化过程的测定，确定降雨对凋落物含水率的影响，解决凋落物的饱和含水率、雨后凋落物含水率变化模型。

（4）野外地表凋落物日变化过程的连续观测研究，获取综合建模数据。在防火期内，多日以时为步长连续监测地表凋落物含水率的日变化和气象要素及天气现象，为之后的综合分析和验证提供基础数据。

（5）地表凋落物含水率日变化过程的预测模型。通过（4）中获取的数据，选择直接估计法和气象要素回归法，以时为步长，建立地表凋落物含水率日变化预测模型，进行误差分析。

1.5　创新点

（1）本研究强调了凋落物床层结构对理解其含水率动态变化的过程影响。以往研究主要集中在单独叶片、松针含水率对各种气象因子的响应，而且并未分别单独对温湿度、风速和降雨等气象因子定量进行床层含水率变化的研究。但在野外实际情况中，凋落物床层对气象因子的响应情况与单独叶片的差别很大，对于含水率预测会造成很大误差。定量分析温湿度、风速、降雨等单独气象要素对不同密实度的地表凋落物床层含水率日变化的影响，得到这些气象要素和密实度对凋落物床层含水率变化过程的作用，建立相关参数的预测模型。目前还没有以单独气象要素为分类条件对野外复杂结构的凋落物床层定量地开展这类研究。

（2）本研究同步探索了野外凋落物床层含水率的日动态变化过程。当前火险等级预报系统中预报误差较大，主要是由于凋落物含水率预测精度过低造成的。前人研究含水率预测模型时，往往只考虑每日最低含水率时刻，以日为步长进行含水率预测，但凋落物含水率对气象要素变化十分敏感，会表现出强烈的日变化过程。这种对日变化过程过于简化会造成含水率预测产生较大误差。本研究通过以小时为步长的连续野外凋落物床层含水率监测，得到其每日变化规律，并以时为步长建立含水率预测模型，检验Nelson法、Simard法和气象要素回归法的适用性，对于凋落物床层含水率预测模型研究有重要意义。

以上为本研究的创新点，结果能够为理解凋落物床层含水率变化和提高地表凋落物床层含水率预测模型精度提供理论基础。

1.6　技术路线

以蒙古栎和红松的两种凋落物为研究对象，在室内构建与野外床层相似的凋落物床层,通过室内控制试验,分析气象要素对凋落物含水率动态变化过程的影响,并获取以时滞法为理论基础的地表凋落物含水率预测方程关键参数受气象要素影响的统计模型。以黑龙江帽儿山地区为研究区域,在蒙古栎和红松林分内以小时为步长,进行地表凋落物含水率监测,获得凋落物含水率日变化数据,利用直接估计法和气象要素回归法建立两种类型地表凋落物含水率日变化过程的预测模型,并进行误差分析,确定合适方程形式。具体技术路线如图1-1所示。

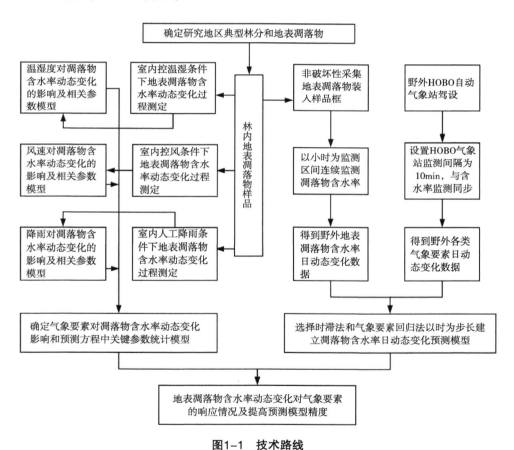

图1-1 技术路线

Fig. 1-1 Technology roadmap

2 研究区概况

　　研究区位于黑龙江省尚志市东北林业大学帽儿山实验林场（45°24′～45°25′N，127°34′～127°40′E），与哈尔滨市相距87km。南北长为30km，东西宽为26km，总占地面积约为26 000hm²，森林覆盖率为85%，森林总蓄积量为205万hm²。研究区中有林地占地面积约为20 004hm²，疏林地为306hm²，无林地和非林地占地面积约为1 064.4hm²。

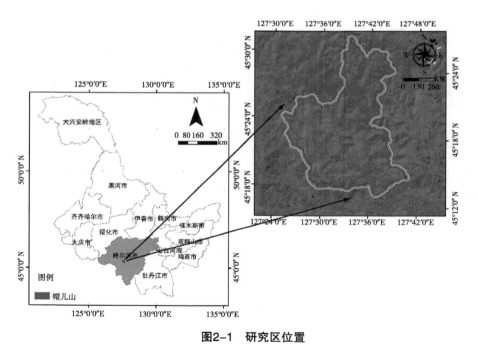

图2-1　研究区位置

Fig. 2-1　Site map of research region

2.1 地质地貌

研究区属于长白山系支脉，张广才岭西部的小岭余脉。整个研究区域海拔高度多在200~600m，其中平均海拔约为300m，海拔最高处为帽儿山镇东部的扇面山，约为819m。帽儿山地势属于低山丘陵缓坡地形，由北到南逐渐降低，坡度基本不超过15°。阿什河起源于帽儿山尖山砬子，由4条小河汇集合并而成，最终汇入松花江。境内有西泉眼水库建于阿什河上游，总面积约为20km²，水库容量可达5亿m³。

2.2 气候

研究区主要受欧亚大陆季风气候的作用，属于温带季风气候，四季极其分明，冬天寒冷干燥，持续时间长，夏天炎热潮湿，春季风大干燥，温度略低于秋季。全年平均气温约为2.8℃，1月平均温度最低，为-31.9℃，7月平均温度最高，为26.1℃，其中有153d气温超过10℃，年平均积温约为2 580℃。年均降水量约为720mm，主要集中在每年的7—8月，占到全年降水量一半以上。年平均相对湿度为71%，蒸发量约为1 100mm，主要集中在5月和6月，占全年蒸发量的36%，干燥度为0.7。无霜期为130d左右，晚霜期明显。每年9月下旬开始降雪，一般可以持续至翌年的4月下旬，全年降雪量占降水量的1/5。

2.3 植被

研究区植被属于长白山植物区系，主要是由地带性顶级植被阔叶红松林被人为干扰后遭到破坏形成的比较典型的东北东部天然次生林。20世纪初沙皇俄国修建中东铁路时，对该区域的原始红松林造成严重破坏，到了1940年后期，进行了封山育林，但该地区演替系列也已经偏离原始演替方向，通过一些经营手段逐渐形成了不同阶段的天然次生林。研究区植被种类丰富，包括蕨类植物有36种，1个变种，种子植物共有789种，包括47亚种和变种，6个变型，共有102科，883种。乔木主要有蒙古栎（*Quercus mongolica*）、胡桃楸（*Juglans mandshurica*）、白桦（*Betula*

Platylla)、水曲柳（*Fraxinus mandshrica*）、山杨（*Populus dividiana*）、黄檗（*Pbellodendron amurense*）、青楷槭（*Acer tegmentosum*）、红松（*Pinus koraiensis*）等；灌木主要分布有乌苏里绣线菊（*Spiraea chamaedryfolia*）、珍珠梅（*Sorbaria sorbifolia*）、长白忍冬（*Lonicera ruprechtiana*）、刺五加（*Aphopanax senticosus*）等；草本主要包括山尖子（*Caclia hastat*）、小叶芹（*Aegopodium alpestre*）、羊胡苔草（*Carex callitrichos*）、悬沟子（*Rubus corchorifolius*）等。

2.4 土壤条件

研究区土壤类型主要包括暗棕壤、草甸土、白浆土、泥炭沼泽土等类型，多发育于花岗岩上。其中暗棕壤是该研究区最具代表性的地带性土壤类型，形成过程是温带湿润森林弱酸腐殖质积累过程、弱酸性淋溶过程和黏化过程。主要有潜育暗棕壤、草甸暗棕壤、典型暗棕壤及白浆化暗棕壤4种类型，土层厚度都大于50cm。暗棕壤的有机质、微量元素及各种化学元素含量比较高，土壤结构好，面积约为23 421.5hm²，占帽儿山地区总面积的68%以上。表土层厚度平均约为15cm，具有很高的腐殖质含量及较好的团粒结构，质地疏松，通透性好；表层以下主要是棕色土壤，质地紧实。非地带性土壤类型主要包括3种类型，分别为白浆土、草甸土及泥炭沼泽土。林场施业区土壤类型几乎全部为暗棕壤，土壤肥力高，利于该地区林业发展。

2.5 森林火灾概况

根据黑龙江省森林火灾历史数据统计，帽儿山林场自1970—2015年46年内，一共发生森林火灾次数9次。从森林火灾过火面积来看，46年间过火总面积达270.35hm²，平均每次过火面积为30.04hm²。过火林地总面积为16.11hm²，平均每次过火林地面积为1.79hm²。从森林火灾发生原因来看，全部为人为火，其中人为烧荒及野外吸烟占到绝大多数。帽儿山林场森林防火管控严格，森林火灾发生次数较少，但由于帽儿山林场属于东北地区典型的次生林区，因此选择该地作为研究区域。

3 试验设计与研究方法

本部分包括室内气象要素模拟试验、野外凋落物含水率日变化监测试验及数据处理3部分。包括室内模拟试验具体方法、野外试验具体过程及步骤、试验过程中使用的设备及仪器，数据获取、数据处理及建模方法等内容。

室内气象要素模拟试验方面，于2017年春季防火期采集凋落的蒙古栎叶片及红松松针，保证叶片和松针结构完整。在室内构建与野外实际情况相似的床层结构，通过恒温恒湿箱、降雨模拟器及风扇等仪器，模拟单独气象因子对凋落物床层含水率动态变化的影响。

野外凋落物含水率日变化监测试验方面，于2017年5月18—24日（春季防火期），在帽儿山实验林场的蒙古栎和红松林内进行7d的以小时为步长的地表凋落物含水率监测，此外架设1台HOBO气象站采集数据，因人力、物力以及试验时间进度限制，本试验仅针对平坡下的地表凋落物含水率进行研究。采集的数据主要包括地表凋落物含水率数据及气象要素数据。

数据处理方面，使用Statistica 10.0、SPSS 22.0、R 3.4.0等统计学软件，对获取的室内模拟气象要素试验数据、凋落物含水率监测数据及气象数据进行处理，根据统计学原理及前人的研究，分析单独气象因子及凋落物床层特征对凋落物床层平衡含水率、失水系数、饱和含水率和饱和时间的影响，建立地表凋落物含水率日动态变化预测模型，并分析模型预测精度等。

3.1 室内模拟试验

为研究温湿度、降雨及风速对不同密实度地表凋落物床层含水率变化过程的单独影响，获取对凋落物平衡含水率及时滞等有影响的关键参数，需要进行室内模拟试验。每个气象因子的模拟试验中，都需要构建不同密实度梯度的床层。凋落物床层密实度表示床层内单独凋落物的紧密程度，是凋落物床层体积密度及颗粒密度的比值，具体计算公式如式（3-1），其中体积密度是凋落物床层质量与体积的比值，每种凋落物的颗粒密度是固定值，蒙古栎叶片和红松松针的颗粒密度分别为544.5kg·m⁻³和316.5kg·m⁻³[91]。

$$\beta = \frac{\rho_b}{\rho_p} \tag{3-1}$$

式中：β为凋落物床层密实度，无量纲；ρ_b为凋落物床层体积密度（kg·m⁻³）；ρ_p为凋落物颗粒密度（kg·m⁻³）。

根据野外调查，蒙古栎林中地表凋落物床层的密实度最小值、平均值和最大值分别为0.009 2、0.013 8和0.018 4。红松林中松针床层的密实度要明显大于蒙古栎，最小值、平均值和最大值分别为0.015 8、0.023 6和0.031 5。因此室内模拟试验中，每个气象因子模拟试验都构建3个梯度的密实度凋落物床层，分别为野外实际状态的最小值、平均值和最大值。试验中设置床层长、宽、高分别为17cm、17cm和2cm，床层体积为5.78×10⁻⁴m³，根据公式（3-1）得到不同密实度梯度时蒙古栎凋落物质量分别为3.2g、4.4g和6.0g，红松凋落物质量分别为2.9g、4.4g和5.9g。

3.1.1 温湿度对凋落物床层含水率变化的影响

利用恒温恒湿箱模拟不同温湿度条件下，得到蒙古栎和红松地表凋落物含水率变化情况，具体试验步骤如下。

（1）于2017年在蒙古栎林和红松林下采集叶片和松针，并保证凋落物结构完整，作为试验样品。

（2）将蒙古栎和红松凋落物置于鼓风干燥箱内，在105℃下连续烘干至样品质量不再变化为止，取不同密实度梯度时对应的绝干质量的蒙古栎叶片和红松针叶各3份，将其完全浸泡于水中至饱和。

（3）将凋落物从水中取出，小心擦去凋落物表面自由移动水分，并于自然环境中放置一段时间。用电子天平称量，得到凋落物湿重，并记录。

（4）将凋落物放置在长、宽、高分别为17cm、17cm、2cm的床层上，床层上下用塑料网固定，并记录塑料网质量。

（5）根据蒙古栎林和红松林内气象数据，确定恒温恒湿箱的温湿度设置范围。空气温度设置5个梯度，分别为5℃、10℃、15℃、20℃、25℃；相对湿度设置4个梯度，分别为20%、40%、60%、80%。温湿度两两配比，共20个配比。

（6）将凋落物床层放入恒温恒湿箱内，箱体内放入自动称量天平，设置每隔0.5h自动称量一次，至凋落物床层质量不再变化时停止，记录数据。

（7）一组温湿度试验结束后，将样品重新浸泡，重复步骤（3）和（6）。

每种可燃物类型，每组温湿度条件都有3次对照试验，3次重复的凋落物质量保持相同。每种可燃物类型都进行180次试验，蒙古栎和红松凋落物共进行360次试验。

3.1.2　风速对凋落物床层含水率变化的影响

用风扇作为气流来源，通过调整风扇和凋落物床层之间的距离模拟凋落物床层上层不同的风速，得到两种凋落物类型含水率在不同风速下的变化情况。具体步骤如下。

（1）与3.1.1中的（1）~（4）相同，其中风速对床层含水率的影响主要是对表层凋落物的影响，因此将床层四周和下部都用塑料布围好，保证只有凋落物上表面进行水分散失。

（2）森林中风速一般都不超过5m·s$^{-1[89]}$，因此风速设置5个梯度，分别为0m·s^{-1}、1m·s^{-1}、2m·s^{-1}、3m·s^{-1}、4m·s^{-1}。

（3）将凋落物床层放置于风扇前方，用手持气象站测定凋落物表面上层风速，通过调整风扇与凋落物床层之间的距离，使凋落物上表面风速达到试验要求的风速。

（4）每隔0.5h称量一次，共称量20次，记录试验环境的温湿度和数据。

（5）一个风速梯度完成后，将样品重新浸泡，重复步骤（1）、（3）、（4）。

每个床层密实度和风速梯度都进行3次重复试验，每种凋落物类型都进行45次试验，蒙古栎和红松共进行90次试验。

3.1.3 降雨对凋落物床层含水率变化的影响

降雨对凋落物床层含水率的影响可能与床层初始含水率、密实度和降水量等因素有关，在室内利用降雨模拟器分析两种可燃物类型在不同降雨条件下的床层含水率变化情况。具体步骤如下。

（1）与3.1.1中（1）、（2）相同，由于降雨对凋落物含水率变化可能与床层初始含水率有关，所以需要制备不同床层初始含水率梯度，共设置5个梯度，5%、15%、20%、35%及50%。将样品从水中取出，小心擦去样品表面自由移动水分，重新放入烘箱中烘干，每隔一段时间用电子天平称量，得到试验设定的床层初始含水率。

（2）降雨过程中雨水会透过凋落物床层向下渗透，下层凋落物的含水率对上层凋落物的含水率影响很大，所以在床层下方依次放置半腐殖质、腐殖质和土壤，模拟野外状态。

（3）降水量设置4个梯度，分别为2mm·h^{-1}、4mm·h^{-1}、10mm·h^{-1}、16mm·h^{-1}，依次表示不同强度降水量。

（4）将样品放置于降雨模拟器喷头正下方，10min为间隔用天平记录一次数据，至样品质量不再变化为止。

不同床层密实度、初始含水率和降水量梯度下，每种凋落物类型共有60组配比试验，每个配比都进行3次重复试验，共进行180次试验。蒙古栎和红松两种凋落物类型共进行360次试验。

为了保证上述室内试验具有重复性，避免由于频繁更换试验样品对结果造成误差，所以每组配比试验都不更换样品，试验结束后重新配置试验所需要的床层含水率。

3.2 野外含水率日变化监测试验

3.2.1 样地调查及布设

根据本研究的试验设计，于2017年4月对研究地区进行踏勘，并确定野外含水率日变化监测试验样地。在研究区设置2块研究样地，分别为蒙古栎林和红松林，每个林型内设置20m×20m的样地。样地基本信息如表3-1。

表3-1　样地信息

Table 3-1　Information of sample plots

林型 Forest type	坡位 Location	海拔 （m） Evaluation （m）	平均树高 （m） Mean height （m）	平均胸径 （cm） Mean DBH （cm）	郁闭度 Canopy density	凋落物载量 （t·hm⁻²） Litter load （t·hm⁻²）
蒙古栎 *Quercus Mongolica*	坡上 Up slope	544	12	23	0.45	3.68
红松 *Pinus Koraiensis*	坡中 Middle slope	382	16	21	0.55	6.22

3.2.2　数据采集

3.2.2.1　凋落物床层含水率监测数据

凋落物床层含水率监测在2017年春季防火期内进行。于蒙古栎和红松林的样地中，分别随机选择3个样点进行凋落物床层含水率监测。本研究中含水率监测采用非破坏性方法进行监测，为保证地表凋落物样品结构与原来状态保持一致，且能够在野外状态进行水分交换，选择专用的铁框盛装凋落物。使用不锈钢铁框（尺寸：300mm×300mm×45mm）盛装凋落物，并在铁框上方盖上铁丝网（10目），用铁丝绑好，防止凋落物样品被风吹走或样地内叶片掉入铁框中，影响凋落物质量。在放入样品之前，记录框体、铁丝网及铁丝的质量，记为$W_框$。

记录好凋落物样品框的质量后，不破坏地表凋落物床层结构，采集与样品框相同大小的凋落物放置于样品框中，并将样品框重新放置于凋落物采集位置，使其与周围环境保持原有结构。因为要进行地表凋落物床层含水率日变化动态分析，因此以1h为间隔称量凋落物及样品框，并记质量为$W_{框+样品}$，$W_{框+样品}-W_框$为凋落物湿重，记为W_H。地表凋落物床层含水率日变化监测共连续进行7日（5月18日0：40至5月24日23：40），共收集336组数据。称量时将天平放置于水平位置，尽量保证无风条件下进行，避免风对称量结果的影响，2个样地6个样点依次称量，2个样地称量时间间隔不超过10min。试验完全结束后，将样品框中的地表凋落物装入档案袋中，并置于烘箱内以105℃烘干，至质量不再变化为止，记录样品质量，即为样品干重M_D。每小时的凋落物床层含水率数据根据公式（3-2）进行计算。

$$M(\%)=\frac{W_H-W_D}{W_D}\times100 \tag{3-2}$$

式中：M为凋落物床层含水率（%）；W_H为凋落物床层湿重（g）；W_D为凋落物床层干重（g）。

3.2.2.2 气象数据监测

由于林内小气候与林外差异较大，且不同距离的气象数据对地表凋落物含水率预测结果有显著影响[76, 92, 93]，因此本研究选择美国Onset公司研制的HOBO自动监测气象站获取以10min为步长的气象数据。气象站假设在两个样地之间，使其每隔10min记录一次空气温度（T）、空气相对湿度（H）、平均风速（W）和降水量（R）等，设置监测开始时间与地表凋落物监测时间相同。

3.3 含水率预测模型

3.3.1 模型构建

本研究选择时滞和平衡含水率法及气象要素回归法建立林内地表凋落物含水率日变化预测模型。

3.3.1.1 时滞和平衡含水率法

Catchpole等于2001年提出了直接估计法，这种方法是基于平衡含水率，利用野外凋落物含水率和气象实测数据直接估计凋落物含水率。这种方法能够直接利用野外实测的气象数据进行含水率预测，相较室内模拟试验有更好的适用性和更高的精确度[95]。时滞和平衡含水率法中平衡含水率响应方程选择基于半物理的Nelson模型和完全基于统计的Simard模型预测效果好[16]，因此选择直接估计法进行参数估计[35, 74]，分别用Nelson和Simard平衡含水率模型计算平衡含水率[47, 59]，下面分别简称为Nelson法和Simard法。

直接估计法的主体方程是基于1963年Byram提出的地表凋落物水分计算

微分方程[95]，方程形式如式（3-3）所示。

$$\frac{dm}{dt} = -\frac{M-E}{\tau} \qquad (3-3)$$

式中：M为凋落物含水率（%）；E为凋落物平衡含水率（%）；τ为时滞（h），下同。

方程式（3-3）中平衡含水率分别用Nelson和Simard平衡含水率预测模型计算。Nelson[59]和Simard[47]平衡含水率预测方程形式分别如式（3-4）和式（3-5）所示。

$$E = \alpha + \beta \log \Delta G = \alpha + \beta \log(-\frac{RT}{m}\log H) \qquad (3-4)$$

式中：R为普适气体常量，取值为8.314（J·K^{-1}·mol^{-1}）；T为空气温度（K）；H为空气相对湿度（%）；m为H$_2$O的相对分子质量，取值为18（g·mol^{-1}）；α、β为方程待估参数，下同。

$$E = \begin{cases} 0.03 + 0.626H - 0.001\,04HT & H < 10\% \\ 1.76 + 0.160\,1H - 0.026\,6T & 10\% \leqslant H < 50\% \\ 21.06 - 0.494\,4H + 0.005\,565H^2 - 0.000\,63HT & H \geqslant 50\% \end{cases} \qquad (3-5)$$

式中：T为空气温度（℃）；H为空气相对湿度（%）。

利用直接估计法进行凋落物含水率预测时，必须满足凋落物的时滞τ保持固定不变[31]，凋落物含水率监测期间以1h为间隔进行采样，因此Δt=1h。对水分计算微分方程式（3-3）进行离散化，得到离散形式的水分计算方程式（3-6）。

$$M(t_i) = \lambda^2 M_{i-1} + \lambda(1-\lambda)E_{i-1} + (1-\lambda)E_i \qquad (3-6)$$

式中：E_i为时间=t_i时的平衡含水率（%）；$\lambda = \exp(\frac{\Delta t}{2\tau})$，则是指$\tau = -\frac{\Delta t}{2\ln\lambda}$，本研究中$\Delta t$=1，则时滞$\tau = -\frac{1}{2\ln\lambda}$。

选择直接估计法进行凋落物含水率预测，将Nelson和Simard平衡含水率方程式（3-4）和式（3-5）代入水汽交换离散方程中，得到方程式（3-7）和式（3-8）。

$$M(t_i) = \lambda^2 M_{i-1} + \lambda(1-\lambda)\left[\alpha + \beta\log(-\frac{8.314T_{i-1}}{18}\log H_{i-1})\right] + (1-\lambda)\left[\alpha + \beta\log(-\frac{8.314T_i}{18}\log H_i)\right] \qquad (3-7)$$

$$M(t_i) = \begin{cases} \lambda^2 M_{i-1} + \lambda(1-\lambda)(0.03 + 0.262\,6H_{i-1} - 0.001\,04H_{i-1}T_{i-1}) + \\ (1-\lambda)(0.03 + 0.262\,6H_i - 0.001\,04H_iT_i) & H < 10\% \\ \lambda^2 M_{i-1} + \lambda(1-\lambda)(1.76 + 0.160\,1H_{i-1} - 0.026\,6T_{i-1}) + \\ (1-\lambda)(1.76 + 0.160\,1H_i - 0.026\,6T_i) & 10\% \leqslant H < 50\% \\ \lambda^2 M_{i-1} + \lambda(1-\lambda)(1.76 - 0.494\,4H_{i-1} + 0.005\,565H_{i-1}^2 - 0.000\,632H_{i-1}T_{i-1}) + \\ (1-\lambda)(1.76 - 0.494\,4H_i + 0.005\,565H_{i-1}^2 - 0.000\,632H_{i-1}T_i) & H \geqslant 50\% \end{cases} \quad (3\text{-}8)$$

Nelson法和Simard法分别选择方程式（3-7）和式（3-8）进行凋落物含水率预测。利用野外实际监测凋落物含水率数据及气象数据，代入方程式（3-7）和式（3-8），以地表凋落物含水率实测值和预测值的平方和目标函数值最小为目标进行非线性估计，得到参数λ、α、β，进而建立相应的以时为步长的凋落物含水率预测模型。

3.3.1.2 气象要素回归法

地表凋落物床层含水率变化受气象因子的驱动，其对不同气象要素的敏感度也不同。因此，采用气象要素回归法建立凋落物含水率预测模型，首先需要分析凋落物含水率变化与各气象要素的相关性。为便于分析和阐述，本研究中规定：前n（n=1~5）小时气象因子表示前n小时温度、湿度和风速的平均值及降水量之和，并以角标a表示；n小时前的气象因子表示n时对应的气象值，以角标b表示。例如前3h的降水量即为R_{a3}，表示前3h内的降水量和；前5h的温度记为T_{a5}，表示前5h内平均温度；2h前的相对湿度记为H_{b2}等。除此之外，参与分析的气象因子还包括采样时刻的气象因子，分别记为T_0、H_0、W_0、R_0。

利用气象要素回归法建立地表凋落物含水率预测模型时，首先进行相关性分析，确定对地表凋落物含水率动态变化有显著影响的气象要素。以地表凋落物含水率为因变量，有显著影响的气象要素为自变量，采用逐步回归的方式构造以时为步长的地表凋落物含水率预测模型，方程形式为多元线性方程，如式（3-9）所示。

$$M = \sum_{i=0}^{n} X_i b_i \qquad (3\text{-}9)$$

式中：M为地表凋落物床层含水率（%）；X_i为自变量，i=1，2，……，5，包括空气温度（℃）、空气相对湿度（%）、风速（m·s^{-1}）和降水量（mm）；b_i为预测模型中的待估参数。

3.3.2 预测模型精度检验

对于建立的相关参数预测模型和采用Nelson法、Simard法及气象要素回归法建立地表凋落物含水率预测方程，选择n-Fold交叉验证的方法[96]检验预测模型精度。n-Fold交叉验证是指每次从n组数据中选择$n-1$组数据进行建模，剩余1组数据进行验证，共重复进行n次，得到n组预测值，按照式（3-10）和（3-11）计算平均绝对误差（Mean absolute error，MAE）和平均相对误差（Mean relative error，MRE）。

$$MAE=\frac{1}{n}\sum_{i=1}^{n}\left|M_i-\hat{M}_i\right| \qquad （3-10）$$

$$MRE=\frac{1}{n}\sum_{i=1}^{n}\frac{\left|M_i-\hat{M}_i\right|}{M_i} \qquad （3-11）$$

式中：M_i为实测值（%）；$\hat{M}_i$为预测值（%）。

4 室内模拟空气温湿度对凋落物床层含水率变化的影响

4.1 引言

地表凋落物床层含水率变化主要受到空气温度和相对湿度的影响，空气温度升高，相对湿度下降，加快凋落物水分散失，凋落物含水率降低。除此之外，温湿度对凋落物含水率预测过程中关键指标平衡含水率和时滞有显著影响，是凋落物含水率预测模型中必不可少的关键要素。因此分析温湿度对地表凋落物床层含水率变化的影响是准确预测凋落物含水率的关键。研究认为，温湿度对凋落物床层失水和吸水过程有显著影响，这种影响主要通过对凋落物平衡含水率和时滞的影响来反映。Simard等人[35, 60, 97, 98]以空气温度和相对湿度为自变量，建立平衡含水率预测模型，但这些研究以木材或单个凋落物为研究对象，与真实的凋落物床层存在一定的差距，而温湿度对凋落物床层含水率、平衡含水率及时滞的影响受凋落物类型、凋落物床层结构等显著影响[99-101]，因此在实际应用中存在较大的误差。特别是在关键性问题上并未达成一致的共识，例如针对平衡含水率或时滞对温湿度的响应方程，刘曦[16, 99]研究认为水曲柳凋落物在不同温度范围内其平衡含水率与湿度的响应方程分别为指数形式和"S"形式，而陆昕[102]研究认为两者呈现多次幂方程形式。因此，空气温度和相对湿度对不同凋落物床层含水率变化、平衡含水率和时滞的影响争议还是很大，需要选择不同凋落物类型和结构的床层，在不同空气温度和相对湿度的配比下，系统分析温湿度对不同凋落物床层结构含水率变化的影响，得到影响床层含水率变化的关键参数与温湿度之间定量关系，对建立含水率预测模型有重要意义。

本研究选择蒙古栎和红松地表凋落物作为研究对象，设置不同的床层密实度，在不同空气温度和相对湿度配比下，测定两种凋落物床层含水率变化情况。通过凋落物床层含水率数据，得到两种凋落物类型在不同温湿度和密实度下的平衡含水率和失水系数，并分析平衡含水率和失水系数与温湿度及密实度之间的关系，建立相应的预测模型。

4.2　数据处理

本章使用Statistica 10.0和SPSS 22.0进行数据处理，利用Sigmaplot 12.5绘图。分别以床层密实度、空气温度及相对湿度为分类条件，以称量次数为横坐标，3次重复试验的平均床层含水率为纵坐标，使用绘图软件绘制两种凋落物床层含水率随时间变化吸水情况。在固定温湿度条件下，对于一定结构的凋落物床层存在下列关系式 $M=E+Ae^{-kt}$，其中：M 表示凋落物床层含水率；E 表示凋落物床层平衡含水率；A 为常数；k 表示失水系数，是时滞的倒数；t 为时间，根据试验数据得到不同床层结构和温湿度条件下的床层平衡含水率及床层失水系数。利用Statistica 10.0中方差分析法（ANOVA test）分析床层密实度、空气温度和相对湿度对两种凋落物床层平衡含水率和失水系数的影响，并利用LSD检验方法进行不同床层密实度、空气温度和相对湿度时两者的多重比较。选择Nelson和Simard平衡含水率预测模型形式作为平衡含水率预测模型，并绘制实测和预测1∶1对比图，比较两种模型对红松和蒙古栎凋落物床层平衡含水率预测的适用性。根据方差分析得到对凋落物床层失水系数有显著影响的影响因素，并绘制床层失水系数变化折线图，根据折线图确定最优方程形式，以失水系数为因变量，有显著影响的影响因素为自变量，利用非线性估计法（Non-liner estimation）计算模型参数，并得到模型平均绝对误差和平均相对误差。

4.3　结果与分析

4.3.1　不同温湿度条件下不同结构凋落物床层含水率动态变化

图4-1给出了在不同空气温度和相对湿度条件下，不同结构的蒙古栎凋

落物床层含水率随时间变化折线图。可以看出，空气温度不变时，随着相对湿度的增加，蒙古栎床层达到平衡含水率所需要的时间增加；相对湿度不变时，随着空气温度的增加，凋落物床层更容易达到平衡含水率。所有温湿度配比下，随着蒙古栎床层密实度的增加，其失水速率逐渐下降，且随着空气温度和相对湿度的增加，不同密实度之间的失水速率的差异逐渐减小。

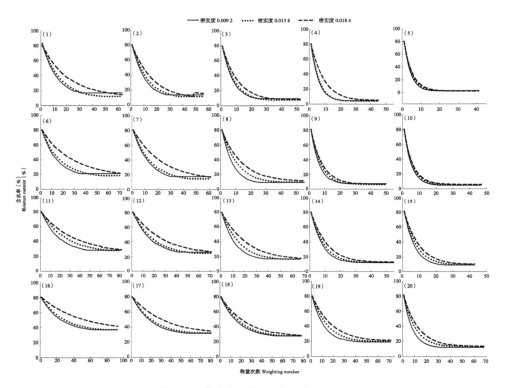

图4-1　蒙古栎凋落物床层失水过程

Fig. 4-1　Dehydration process of litter beds of _Quercus mongolica_

注：（1）～（5）分别表示相对湿度为20%时，空气温度分别为5℃、10℃、15℃、20℃、25℃时，蒙古栎不同密实度凋落物床层含水率随时间的变化；（6）～（10）分别表示相对湿度为40%时，空气温度分别为5℃、10℃、15℃、20℃、25℃时，蒙古栎不同密实度凋落物床层含水率随时间的变化；（11）～（15）分别表示相对湿度为60%时，空气温度分别为5℃、10℃、15℃、20℃、25℃时，蒙古栎不同密实度凋落物床层含水率随时间的变化；（16）～（20）分别表示相对湿度为80%时，空气温度分别为5℃、10℃、15℃、20℃、25℃时，蒙古栎不同密实度凋落物床层含水率随时间的变化。下同

Note：（1）~（5）denotes the change of moisture content of different compactness of litter bed of _Quercus mongolica_ with time when the relative humidity is 20% and the air temperature is

5℃，10℃，15℃，20℃ and 25℃, respectively.（6）~（10）denotes the change of moisture content of different compactness of litter bed of *Quercus mongolica* with time when the relative humidity is 40% and the air temperature is 5℃，10℃，15℃，20℃ and 25℃, respectively. （11）~（15）denotes the change of moisture content of different compactness of litter bed of *Quercus mongolica* with time when the relative humidity is 60% and the air temperature is 5℃，10℃，15℃，20℃ and 25℃, respectively.（16）~（20）denotes the change of moisture content of different compactness of litter bed of *Quercus mongolica* with time when the relative humidity is 80% and the air temperature is 5℃，10℃，15℃，20℃ and 25℃, respectively. The same below

　　相同温湿度配比下，红松和蒙古栎凋落物床层的含水率变化趋势相似，但红松床层的失水速率明显高于蒙古栎阔叶床层，含水率达到平衡所需的时间低于蒙古栎床层。在任何温湿度配比下，随着红松针叶床层密实度的增加，其失水速率呈下降趋势，且在高温高湿时的差异较小。不同密实度之间失水速率的差异高于蒙古栎床层（图4-2）。

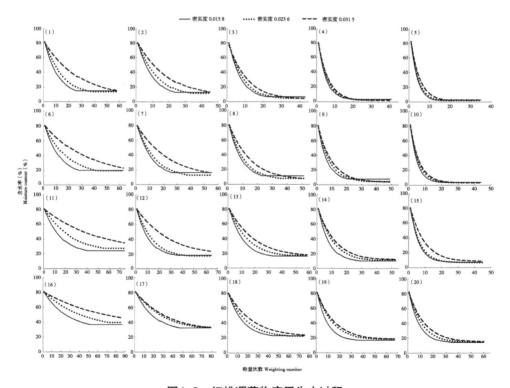

图4-2　红松凋落物床层失水过程

Fig. 4-2　Dehydration process of litter beds of *Pinus koraiensis*

　　恒温恒湿条件下，对于一定结构的凋落物床层存在下列关系式 $M=E+Ae^{-kt}$，其中：M 表示凋落物床层含水率；E 表示凋落物床层平衡含水率；A 为常数；k 表示失水速率，是时滞的倒数；t 为时间。因此，根据试验数据得到不同温湿度条件下两种类型不同结构的地表凋落物床层含水率动态变化方程（表4-1）。可以看出，在试验范围内，蒙古栎地表凋落物床层平衡含水率范围为2.1%～34.9%，失水速率范围为0.292～0.021 h^{-1}；红松地表凋落物床层平衡含水率范围为1.8%～32.7%，失水速率范围为0.325～0.015 h^{-1}。对于同种凋落物类型，空气温度不变时，随着相对湿度增加，3种结构的凋落物床层平衡含水率逐渐增加，失水速率逐渐下降；相对湿度不变时，随着空气温度的升高，3种结构的凋落物床层平衡含水率都呈下降趋势，失水速率逐渐增加。在固定温湿度范围内，随着凋落物床层密实度的增加，床层平衡含水率变化不明显，但失水速率逐渐下降。红松地表凋落物床层平衡含水率低于蒙古栎地表凋落物床层，失水速率高于蒙古栎床层。

表4-1 不同温湿度时凋落物床层失水动态方程

Table 4-1 Dynamic equations of moisture content loss of litter bed under different air temperature and relative humidity

凋落物类型 Litter type	空气温度（℃）Air temperature（℃）	相对湿度（%）Relative humidity（%）	密实度 Compactness					
			β_1		β_2		β_3	
			拟合方程 Fitting equation	R^2	拟合方程 Fitting equation	R^2	拟合方程 Fitting equation	R^2
蒙古栎 Quercus mongolica	5	20	$M=0.118+0.778e^{-0.088t}$	0.997	$M=0.098+0.789e^{-0.074t}$	0.998	$M=0.115+0.727e^{-0.05t}$	0.994
		40	$M=0.159+0.694e^{-0.073t}$	0.966	$M=0.157+0.683e^{-0.061t}$	0.986	$M=0.166+0.662e^{-0.037t}$	0.948
		60	$M=0.255+0.580e^{-0.058t}$	0.986	$M=0.256+0.571\,8e^{-0.043t}$	0.974	$M=0.249+0.570e^{-0.031t}$	0.966
		80	$M=0.338+0.488e^{-0.044t}$	0.972	$M=0.343+0.481e^{-0.038t}$	0.965	$M=0.349+0.470e^{-0.021t}$	0.988
	10	20	$M=0.091+0.798e^{-0.103t}$	0.991	$M=0.090+0.790e^{-0.087t}$	0.958	$M=0.106+0.748e^{-0.073t}$	0.935
		40	$M=0.110+0.756e^{-0.082t}$	0.936	$M=0.118+0.741e^{-0.073t}$	0.948	$M=0.112+0.719e^{-0.045t}$	0.969
		60	$M=0.227+0.618e^{-0.066t}$	0.955	$M=0.227+0.608e^{-0.057t}$	0.963	$M=0.238+0.593e^{-0.041t}$	0.975
		80	$M=0.293+0.543e^{-0.053t}$	0.991	$M=0.302+0.530e^{-0.049t}$	0.957	$M=0.309+0.515e^{-0.032t}$	0.973
	15	20	$M=0.068+0.849e^{-0.145t}$	0.982	$M=0.060+0.840e^{-0.128t}$	0.966	$M=0.075+0.808e^{-0.100t}$	0.963
		40	$M=0.071+0.850e^{-0.142t}$	0.958	$M=0.085+0.811e^{-0.102t}$	0.966	$M=0.106+0.749e^{-0.078t}$	0.977
		60	$M=0.154+0.713e^{-0.094t}$	0.963	$M=0.151+0.700e^{-0.069t}$	0.986	$M=0.158+0.679e^{-0.050t}$	0.993
		80	$M=0.262+0.567e^{-0.060t}$	0.979	$M=0.262+0.575e^{-0.053t}$	0.968	$M=0.273+0.557e^{-0.044t}$	0.995

（续表）

凋落物类型 Litter type	空气温度（℃） Air temperature	相对湿度（%） Relative humidity	密实度 Compactness					
			β_1		β_2		β_3	
			拟合方程 Fitting equation	R^2	拟合方程 Fitting equation	R^2	拟合方程 Fitting equation	R^2
蒙古栎 Quercus mongolica	20	20	$M=0.039+0.945e^{-0.209t}$	0.915	$M=0.036+0.938e^{-0.195t}$	0.961	$M=0.065+0.861e^{-0.119t}$	0.982
		40	$M=0.065+0.893e^{-0.190t}$	0.938	$M=0.059+0.879e^{-0.159t}$	0.973	$M=0.067+0.852e^{-0.138t}$	0.965
		60	$M=0.114+0.796e^{-0.140t}$	0.908	$M=0.119+0.778e^{-0.122t}$	0.917	$M=0.126+0.758e^{-0.098t}$	0.926
		80	$M=0.185+0.674e^{-0.097t}$	0.961	$M=0.190+0.662e^{-0.075t}$	0.942	$M=0.204+0.647e^{-0.060t}$	0.963
	25	20	$M=0.023+1.051e^{-0.292t}$	0.942	$M=0.021+1.022e^{-0.263t}$	0.913	$M=0.023+0.990e^{-0.233t}$	0.909
		40	$M=0.045+0.961e^{-0.231t}$	0.976	$M=0.051+0.930e^{-0.209t}$	0.987	$M=0.061+0.905e^{-0.196t}$	0.995
		60	$M=0.076+0.870e^{-0.166t}$	0.953	$M=0.085+0.838e^{-0.138t}$	0.968	$M=0.093+0.813e^{-0.115t}$	0.994
		80	$M=0.114+0.796e^{-0.138t}$	0.971	$M=0.126+0.768e^{-0.104t}$	0.962	$M=0.128+0.748e^{-0.082t}$	0.955
红松 Pinus koraiensis	5	20	$M=0.086+0.799e^{-0.096t}$	0.989	$M=0.087+0.791e^{-0.074t}$	0.976	$M=0.076+0.758e^{-0.039t}$	0.968
		40	$M=0.129+0.738e^{-0.085t}$	0.976	$M=0.126+0.712e^{-0.056t}$	0.989	$M=0.118+0.706e^{-0.029t}$	0.942
		60	$M=0.205+0.645e^{-0.069t}$	0.989	$M=0.217+0.623e^{-0.043t}$	0.972	$M=0.236+0.585e^{-0.022t}$	0.984
		80	$M=0.298+0.531e^{-0.039t}$	0.995	$M=0.292+0.520e^{-0.023t}$	0.967	$M=0.327+0.478e^{-0.015t}$	0.968

（续表）

凋落物类型 Litter type	空气温度（℃） Air temperature（℃）	相对湿度（%） Relative humidity（%）	密实度 Compactness					
			β_1		β_2		β_3	
			拟合方程 Fitting equation	R^2	拟合方程 Fitting equation	R^2	拟合方程 Fitting equation	R^2
红松 Pinus koraiensis	10	20	$M=0.075+0.822e^{-0.113t}$	0.975	$M=0.075+0.800e^{-0.086t}$	0.976	$M=0.082+0.770e^{-0.058t}$	0.958
		40	$M=0.096+0.782e^{-0.093t}$	0.988	$M=0.088+0.774e^{-0.076t}$	0.961	$M=0.089+0.751e^{-0.043t}$	0.966
		60	$M=0.165+0.705e^{-0.100t}$	0.962	$M=0.151+0.713e^{-0.076t}$	0.991	$M=0.175+0.657e^{-0.037t}$	0.977
		80	$M=0.278+0.562e^{-0.053t}$	0.983	$M=0.276+0.550e^{-0.034t}$	0.939	$M=0.274+0.551e^{-0.030t}$	0.936
	15	20	$M=0.039+0.900e^{-0.156t}$	0.935	$M=0.033+0.880e^{-0.129t}$	0.926	$M=0.032+0.823e^{-0.100t}$	0.925
		40	$M=0.067+0.829e^{-0.122t}$	0.969	$M=0.057+0.833e^{-0.101t}$	0.954	$M=0.054+0.814e^{-0.070t}$	0.982
		60	$M=0.132+0.741e^{-0.098t}$	0.947	$M=0.144+0.711e^{-0.074t}$	0.985	$M=0.151+0.693e^{-0.056t}$	0.968
		80	$M=0.203+0.645e^{-0.071t}$	0.970	$M=0.205+0.631e^{-0.055t}$	0.986	$M=0.216+0.617e^{-0.043t}$	0.968
	20	20	$M=0.027+0.987e^{-0.235t}$	0.979	$M=0.018+0.967e^{-0.202t}$	0.956	$M=0.020+0.952e^{-0.184t}$	0.966
		40	$M=0.049+0.884e^{-0.165t}$	0.938	$M=0.036+0.877e^{-0.129t}$	0.964	$M=0.033+0.867e^{-0.108t}$	0.956
		60	$M=0.094+0.825e^{-0.144t}$	0.925	$M=0.097+0.789e^{-0.100t}$	0.948	$M=0.115+0.761e^{-0.089t}$	0.927
		80	$M=0.161+0.719e^{-0.113t}$	0.982	$M=0.174+0.687e^{-0.076t}$	0.953	$M=0.178+0.669e^{-0.066t}$	0.944

（续表）

凋落物类型 Litter type	空气温度（℃） Air temperature（℃）	相对湿度（%） Relative humidity（%）	密实度 Compactness					
			β_1		β_2		β_3	
			拟合方程 Fitting equation	R^2	拟合方程 Fitting equation	R^2	拟合方程 Fitting equation	R^2
	25	20	$M=0.022+1.100e^{-0.325t}$	0.962	$M=0.018+1.080e^{-0.289t}$	0.963	$M=0.019+1.020e^{-0.236t}$	0.966
		40	$M=0.032+1.020e^{-0.249t}$	0.966	$M=0.030+0.971e^{-0.206t}$	0.958	$M=0.031+0.952e^{-0.183t}$	0.975
		60	$M=0.071+0.908e^{-0.197t}$	0.993	$M=0.068+0.886e^{-0.175t}$	0.966	$M=0.077+0.826e^{-0.115t}$	0.957
		80	$M=0.131+0.777e^{-0.124t}$	0.968	$M=0.131+0.756e^{-0.095t}$	0.975	$M=0.139+0.728e^{-0.078t}$	0.971

注：β_1、β_2、β_3表示凋落物床层密实度。对于蒙古栎凋落物床层，分别表示床层密实度为0.009 2、0.013 8和0.018 4；对于红松凋落物床层，分别表示床层密实度0.015 8、0.023 6和0.031 5

Note: β_1、β_2、β_3 indicating the compactness of the litter bed. For litter bed of *Quercus mongolica*, indicates that the compactness of litter bed are 0.009 2, 0.013 8 and 0.018 4, respectively. For litter bed of *Pinus koraiensis*, indicate that the compactness of litter bed are 0.015 8, 0.023 6 and 0.031 5, respectively

4.3.2 温湿度及床层密实度对平衡含水率的影响

4.3.2.1 方差分析

表4-2给出了空气温度、相对湿度和床层密实度对两种类型的凋落物床层平衡含水率的方差分析结果。可以看出，不论是蒙古栎还是红松地表凋落物床层，其平衡含水率受空气温度和相对湿度极显著的影响，床层密实度对平衡含水率没有显著影响。

表4-2　空气温度、相对湿度和凋落物床层密实度对床层平衡含水率影响的方差分析
Table 4-2　Variance analysis on effects of air temperature，relative humidity and compactness of litter bed on equilibrium moisture content of litter bed

凋落物类型 Litter type	指数 Index	离差平方和 SS	自由度 df	均方差 MS	F	P
蒙古栎 *Quercus mongolica*	截距 Intercept	1.252	1	1.252	220.451	0.000
	密实度 Compactness	0.001	2	0.001	0.082	0.921
	空气温度 Air temperature	0.167	4	0.042	7.335	0.000
	相对湿度 Relative humidity	0.283	3	0.094	27.064	0.000
	误差 Error	0.312	55	0.006		
红松 *Pinus ko-raiensis*	截距 Intercept	0.846	1	0.846	161.274	0.000
	密实度 Compactness	0.000	2	0.000	0.026	0.974
	空气温度 Air temperature	0.114	4	0.029	5.452	0.001
	相对湿度 Relative humidity	0.271	3	0.090	38.255	0.000
	误差 Error	0.403	57	0.007		

4.3.2.2 空气温度对床层平衡含水率的影响

床层密实度对两种凋落物床层平衡含水率没有显著影响，以凋落物床层密实度为分类条件研究空气温度对床层平衡含水率的影响就没有意义。为便于分析空气温度对床层平衡含水率的影响，将空气温度和相对湿度配比下的3个床层密实度梯度的平衡含水率的算数平均值作为该空气温度和相对湿度配比时的床层平衡含水率，共有20组配比。

以相对湿度为分类条件，分析空气温度对两种凋落物床层平衡含水率的影响。可以看出，当湿度相同时，两种凋落物床层随着空气温度升高，平衡含水率下降。相对湿度为20%和40%时，平衡含水率随空气温度升高呈下降趋势，但低温时的下降趋势并不显著；相对湿度较高时，随着空气温度的升高床层平衡含水率显著下降（图4-3）。相对湿度不同时，床层平衡含水率随空气温度的变化有区别，说明空气温度对床层平衡含水率的作用受相对湿度的影响。

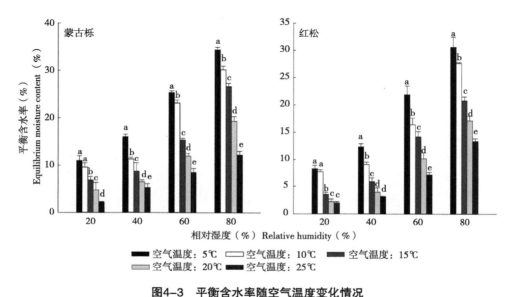

图4-3　平衡含水率随空气温度变化情况

Fig. 4-3　Dynamic of equilibrium moisture content with air temperature

4.3.2.3　相对湿度对床层平衡含水率的影响

以空气温度为分类条件，分析相对湿度对两种类型的凋落物床层平衡含水率的影响。从图4-4可以看出，当空气温度相同时，床层平衡含水率与相对湿度呈正相关，随其增加而增加。空气温度为20℃时，相对湿度从60%升至80%时，蒙古栎床层平衡含水率没有显著上升，其余情况时床层平衡含水率都随着相对湿度的增加而显著增加。所有空气温度条件下，床层平衡含水率随相对湿度的变化情况相似，说明相对湿度对床层平衡含水率的影响不受空气温度的影响。

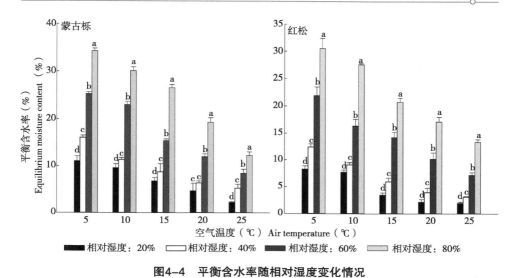

相对湿度：20%　　相对湿度：40%　　相对湿度：60%　　相对湿度：80%

图4-4　平衡含水率随相对湿度变化情况

Fig. 4-4　Dynamic of equilibrium moisture content with relative humidity

4.3.3　温湿度及床层密实度对失水系数的影响

4.3.3.1　方差分析

表4-3给出了空气温度、相对湿度和床层密实度对两种凋落物床层失水系数的方差分析结果。可以看出，对于蒙古栎和红松凋落物床层，失水系数与空气温度、相对湿度和床层密实度显著相关。

表4-3　空气温度、相对湿度和凋落物床层密实度对床层失水系数影响的方差分析

Table 4-3　Variance analysis on effects of air temperature，relative humidity and compactness of litter bed on drying coefficients of litter bed

凋落物类型 Litter type	指数 Index	离差平方和 SS	自由度 df	均方差 MS	F	P
蒙古栎 *Quercus mon-golica*	截距 Intercept	0.799	1	0.080	220.451	0.000
	密实度 Compactness	0.062	2	0.031	2.251	0.000
	空气温度 Air temperature	0.213	4	0.053	4.568	0.003

（续表）

凋落物类型 Litter type	指数 Index	离差平方和 SS	自由度 df	均方差 MS	F	P
蒙古栎 *Quercus mongolica*	相对湿度 Relative humidity	0.108	3	0.036	2.711	0.048
	误差 Error	0.790	57	0.014		
红松 *Pinus koraiensis*	截距 Intercept	0.672	1	0.672	152.049	0.000
	密实度 Compactness	0.102	2	0.051	3.623	0.033
	空气温度 Air temperature	0.213	4	0.053	4.228	0.005
	相对湿度 Relative humidity	0.120	3	0.040	2.858	0.045
	误差 Error	0.209	56	0.004		

4.3.3.2 空气温度对床层失水系数的影响

由4.3.3.1可知，凋落物床层密实度、空气温度和相对湿度对两种凋落物床层失水系数均有显著影响。因此以相对湿度和床层密实度为分类条件，分析空气温度对床层失水系数的影响。图4-5给出床层失水系数随空气温度变化情况，可以看出，对于蒙古栎阔叶床层，空气温度低于15℃时，随着温度升高床层失水系数并未显著增加，当空气温度超过15℃后，失水系数显著增加。相同湿度条件下，不同空气温度时床层失水系数的差异随着床层密实度的增加越来越小，说明空气温度对蒙古栎阔叶床层失水系数的影响与床层密实度相关。对于红松针叶床层，相对湿度为60%，床层密实度为0.015 8和0.023 6时，空气温度从10℃增加至15℃的床层失水系数有下降的趋势，但差异并不显著，其余配比下都是随着空气温度的升高，床层失水系数增加。当密实度为0.015 8时，低温低湿时床层失水系数差异不显著，随着密实度的升高，不同空气温度时的床层失水系数差异越来越显著。不同红松床层密实度时，床层失水系数随空气温度的变化情况不同，说明空气温度对红松床层失水系数的作用与床层密实度有关系。

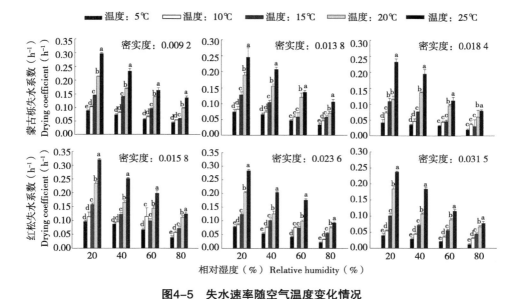

图4-5 失水速率随空气温度变化情况

Fig. 4-5 Dynamic of drying coefficient with air temperature

4.3.3.3 相对湿度对床层失水系数的影响

以空气温度及床层密实度为分类变量，分析相对湿度对床层失水系数的影响。可以看出，蒙古栎床层密实度为0.018 4，空气温度为20℃时，相对湿度从20%增加至40%时床层失水系数显著增加；红松床层密实度为0.015 8，空气温度10℃时，空气相对湿度从40%变为60%时凋落物床层失水系数增加，但并不显著。除了上述两种情况，其余都是床层失水系数随着相对湿度的增加而显著增加。对于蒙古栎阔叶床层，床层密实度较低时，相同空气温度下，随着相对湿度的增加，床层失水系数都显著下降。随着蒙古栎床层密实度的增加，当空气温度较低时，随着相对湿度的增加，床层失水系数变化并不显著，随着空气温度增加，不同相对湿度时的床层失水系数差异显著；对于红松针叶床层，当空气温度较低时（5℃和10℃），虽然失水系数呈现下降趋势，但不同相对湿度（20%～40%）之间的差异并不明显，随着空气温度升高，红松凋落物床层失水系数随着相对湿度的增加显著下降。相对湿度对床层失水系数的影响，与空气温度和床层密实度有一定的关系，随着空气温度的增加和床层密实度的减小，相对湿度变化对床层失水系数的影响越来越显著（图4-6）。

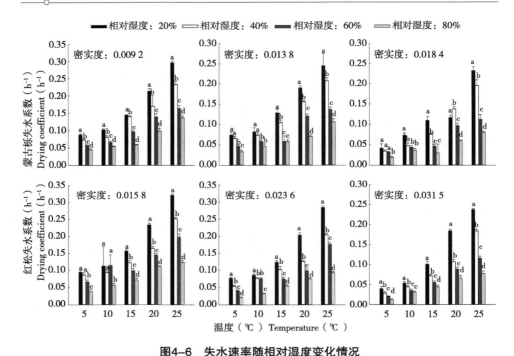

图4-6 失水速率随相对湿度变化情况

Fig. 4-6 Dynamic of drying coefficient with relative humidity

4.3.3.4 床层密实度对失水系数的影响

图4-7给出两种凋落物类型在不同相对湿度和空气温度条件下，其床层失水系数与密实度之间的关系。可以看出，不论空气温度和相对湿度如何变化，床层失水系数随着密实度的增加而逐渐减小，但两种类型的凋落物失水系数受床层密实度的影响不同。对于蒙古栎床层，当相对湿度和空气温度较小时，不同床层密实度时的床层失水系数差异并不显著，当相对湿度和空气温度较高时，随着床层密实度的增加，床层失水系数显著下降；对于红松床层，其床层密实度对床层失水系数的影响比蒙古栎床层更明显，除相对湿度为60%、空气温度为20℃时，床层密实度从0.023 6变为0.031 5时失水系数差异不显著，其余所有温湿度配比情况下都是红松凋落物床层失水系数随着床层密实度的增加显著下降。

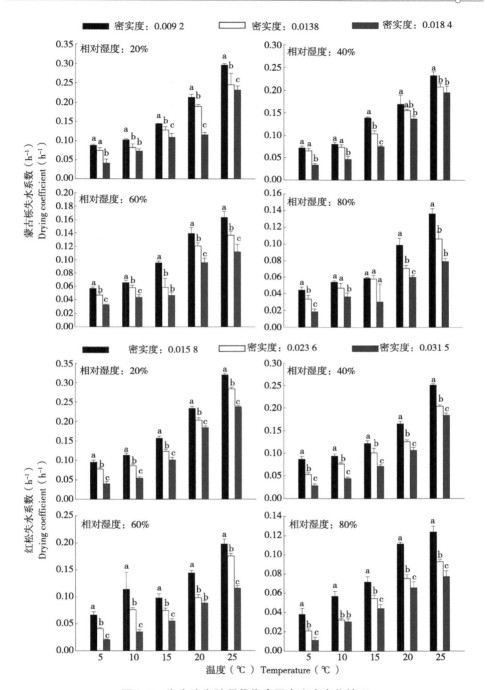

图4-7 失水速率随凋落物床层密实度变化情况

Fig. 4-7 Dynamic of drying coefficient with compactness of litter bed

4.3.4 平衡含水率预测模型

本节选择Nelson法和Simard法的平衡含水率预测模型形式作为凋落物床层平衡含水率方程。由4.3.2.1方差分析结果可知床层密实度对两种凋落物床层的平衡含水率没有影响，采用Nelson平衡含水率预测模型形式，以3个密实度梯度时的平衡含水率的算术平均值为因变量，得到两种凋落物平衡含水率预测模型的参数值及模型精度。可以看出，采用Nelson法进行平衡含水率预测时，红松的拟合效果要优于蒙古栎床层，但其平均相对误差（MRE）高于蒙古栎床层（表4-4）。

表4-4 Nelson平衡含水率预测模型

Table. 4-4 Equilibrium moisture content model of Nelson

凋落物类型 Litter type	方程 Model	R^2	MAE（%）	MRE（%）
蒙古栎 *Quercus mongolica*	$E=0.484\ 259-0.222\ 873\log\left[-\dfrac{8.314T}{18}\log(H)\right]$	0.643	4.39	44.71
红松 *Pinus koraiensis*	$E=0.470\ 507-0.217\ 911\log\left[-\dfrac{8.314T}{18}\log(H)\right]$	0.661	3.95	48.16

表4-5给出两种蒙古栎和红松两种地表凋落物床层采用Simard平衡含水率模型形式的参数值及模型精度。可以看出，Simard法预测效果要显著优于Nelson法，相对湿度增加，两种类型凋落物平衡含水率预测模型的相对误差下降。

表4-5 Simard平衡含水率预测模型

Table 4-5 Equilibrium moisture content model of Simard

凋落物类型 Litter type	相对湿度 Relative humidity（%）	方程 Model	R^2	MAE（%）	MRE（%）
蒙古栎 *Quercus mongolica*	$10\leqslant H<50$	$E=0.115\ 300+0.134\ 667H-0.004\ 913T$	0.963	0.61	7.76
	$H\geqslant50$	$E=139.779-407.273H+291.335H^2-0.014HT$	0.979	0.92	4.66
红松 *Pinus koraiensis*	$10\leqslant H<50$	$E=0.088\ 633+0.108\ 667H-0.004\ 206T$	0.920	0.84	21.34
	$H\geqslant50$	$E=46.617-135.682H+97.321H^2-0.011HT$	0.986	0.64	3.47

图4-8给出了两种凋落物类型采用Nelson法和Simard法的平衡含水率预测模型形式后得到的平衡含水率预测模型实测值和预测值1∶1对比图。可以看出，不论是蒙古栎还是红松床层，采用Nelson模型形式的预测效果较差，预测值和实测值没有分布在1∶1线两侧；使用Simard模型形式得到的两种凋落物床层的平衡含水率预测效果极好，模拟线和1∶1线几乎重合，预测值和实测值能够均匀分布在1∶1线两侧，相对湿度超过50%时的平衡含水率预测效果要优于相对湿度在10%~50%时的预测结果。

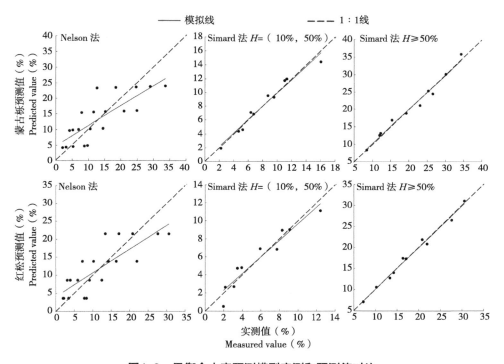

图4-8 平衡含水率预测模型实测和预测值对比

Fig. 4-8 Comparison between measured and predicted values of prediction model of equilibrium moisture content

4.3.5 床层失水系数模型建立

图4-9给出蒙古栎和红松两种类型的凋落物床层在不同相对湿度和密实度时，其床层失水系数随空气温度的变化情况。可以看出，凋落物床层失水系数随着空气温度增加呈指数增加，因此选择不同形式的方程对不同床层密

实度和相对湿度下的床层失水系数和空气温度进行建模，以方程得到R^2最大为最优模型，蒙古栎和红松床层在不同密实度时的最优模型形式为$k=ae^{bT}$，其中：k为失水系数（h^{-1}）；T为空气温度（℃）；a和b为模型参数。

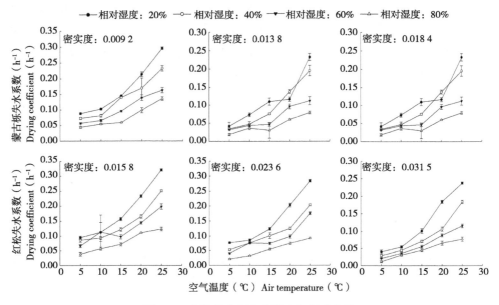

图4-9 凋落物床层失水随空气温度变化
Fig. 4-9 Line diagram of the drying coefficient of litter bed with air temperature

表4-6给出在不同相对湿度和床层密实度条件下，以空气温度为自变量的床层失水系数预测模型参数。对于蒙古栎床层，R^2变化范围为0.904～0.994；对于红松床层，模型拟合R^2变化范围为0.905～0.994。

表4-6 不同相对湿度和凋落物床层密实度时床层失水系数预测模型参数
Table 4-6 Parameters of prediction model of drying coefficient of litter bed under different relative humidity and compactness of litter bed

凋落物类型 Litter type	密实度 Compactness	相对湿度（%） Relative humidity（%）	a	b	R^2
蒙古栎 *Quercus mongolica*	0.009 2	20	0.056	0.067	0.994
		40	0.051	0.061	0.980
		60	0.042	0.056	0.975
		80	0.027	0.065	0.966

（续表）

凋落物类型 Litter type	密实度 Compactness	相对湿度（%） Relative humidity（%）	a	b	R²
蒙古栎 *Quercus* *mongolica*	0.013 8	20	0.049	0.065	0.986
		40	0.042	0.064	0.990
		60	0.031	0.061	0.904
		80	0.025	0.057	0.981
	0.018 4	20	0.028	0.083	0.940
		40	0.021	0.090	0.990
		60	0.021	0.066	0.929
		80	0.014	0.069	0.926
红松 *Pinus ko-* *raiensis*	0.015 8	20	0.061	0.067	0.994
		40	0.051	0.062	0.968
		60	0.055	0.050	0.905
		80	0.033	0.055	0.955
	0.023 6	20	0.044	0.075	0.987
		40	0.036	0.068	0.978
		60	0.029	0.071	0.919
		80	0.019	0.066	0.970
	0.031 5	20	0.028	0.087	0.970
		40	0.017	0.096	0.997
		60	0.017	0.078	0.984
		80	0.015	0.068	0.936

　　蒙古栎床层密实度分别为0.009 2、0.013 8和0.015 8，不同相对湿度时，凋落物床层失水系数预测模型的平均绝对误差（MAE）范围分别为0.005～0.007h⁻¹、0.003～0.009h⁻¹和0.005～0.013h⁻¹，平均相对误差（MRE）在4.83%～8.33%、3.85%～12.21%和6.15%～13.73%，随着凋落

物床层密实度的增加，床层失水系数预测模型误差在增加。对于红松针叶床层，其密实度为0.015 8、0.023 6和0.031 5，不同相对湿度时床层失水系数预测模型的MAE分别在0.006～0.011h⁻¹、0.005～0.011h⁻¹和0.003～−0.010h⁻¹，MRE的范围分别为4.81%～10.32%、5.68%～12.24%和3.09%～21.89%。以MRE<15%为界限[103]，除了红松床层密实度在0.031 5，相对湿度为80%时预测效果较差，预测模型误差均在能够接受范围内。

4.4　讨论

在固定温湿度条件下，蒙古栎和红松床层含水率随时间变化的曲线均呈现指数形式，这与陆昕[99, 102, 104]等人的研究是相同的。凋落物床层失水过程并非是保持不变的，当温湿度发生改变时，其含水率动态变化过程也发生改变。在试验设定的温湿度条件内，蒙古栎阔叶床层的平衡含水率均值为14.4%，最小值仅为2.1%，最大值为34.9%；红松针叶床层的平衡含水率均值为11.9%，最小值为1.8%，最大值为32.7%。相同温湿度条件下，红松床层的平衡含水率略低于蒙古栎阔叶床层，胡海清[102]在与本研究相同温湿度条件下，对落叶松林、落叶松—白桦混交林及白桦林的3种凋落物失水过程进行研究，其平衡含水率范围分别为2.5%～30.6%、4.2%～34.9%和4.2%～33.0%，平衡含水率区间与本研究相似，针叶床层的平衡含水率低于阔叶床层。刘曦[99, 105]分析了几种凋落物在不同温湿度时的失水情况，得到其不同温湿度时相应的平衡含水率区间，该区间低于本研究得到的区间，这主要是由于其研究对象是单个叶片而非床层造成的。

在本研究设定的试验温湿度条件下，蒙古栎阔叶床层的失水系数（时滞）均值为0.104h⁻¹（时滞：9.615h，下同），范围为0.021～0.292h⁻¹（3.425～47.619h）；红松针叶床层的失水系数均值为0.106h⁻¹（9.434h），最小值为0.015h⁻¹（66.667h），最大值为0.325h⁻¹（3.077h）。蒙古栎阔叶床层失水系数低于红松针叶床层，这与陆昕[102, 104]等人的研究结果相似。但本研究得到失水系数区间要显著大于胡海清[102]的研究结果，这主要由于失水系数与床层结构有显著关系，前者仅研究了一个床层结构时凋落物在不同温湿度条件下的失水情况，而本研究相同凋落物类型设置了3个床层密实度，因此本研究的失水区间要明显高于前者研究结果，也定量地揭示了床层失水系数与床层结构（密实度）之间的关系。

　　蒙古栎和红松两种地表凋落物床层的平衡含水率都是与空气温度和相对湿度显著相关，凋落物床层密实度对其平衡含水率没有显著影响。平衡含水率是指在空气温度和相对湿度固定不变时，将凋落物床层无限放置后至含水率不再变化的床层含水率，其仅与空气温度和相对湿度相关[71, 106-110]，与本研究结果相同。空气温度对床层平衡含水率的作用受相对湿度的影响，当相对湿度较低时，空气温度变化5℃，床层平衡含水率并非显著下降，当相对湿度在较高梯度时，随着空气温度的升高，床层平衡含水率都显著下降。这可能是因为在高湿条件下，空气温度的细小变化更容易引起凋落物含水率的响应，这与陆昕等人[102, 104]的研究结果相似。与空气温度不同，相对湿度对平衡含水率的影响不受空气温度的影响，相对湿度每一个梯度的变化都能引起床层平衡含水率的显著增加。空气温度和相对湿度对床层平衡含水率作用效果不同可能是因为凋落物水分变化主要通过表面自由水蒸发和内部水分扩散[100]，而水分运动速率对相对湿度变化的响应要比对空气温度变化的响应更敏感。

　　蒙古栎和红松两种地表凋落物床层失水系数变化不仅与空气温度和相对湿度相关，也受床层密实度的影响。两种凋落物类型的床层失水系数与空气温度为显著正相关关系，与相对湿度和床层密实度为负相关关系。这主要是由于单独叶片失水过程主要包括叶片表面自由水散失和叶片内部水分向外扩散两部分[30, 60, 71]，而对凋落物床层而言，由于不同叶片重叠在一起，其床层的失水速率不仅与叶片表面自由水散失速率和内部水分向外扩散有关，还与凋落物表面和内部水分子从床层内部转移至外部的速率有关[100]。这种移动速率和水分子在移动过程中经历的移动路径与受到的阻力相关，凋落物床层结构越杂乱复杂，移动路径就越复杂，受到的阻力也增多，水分子移动速率下降。随着空气温度升高，加速凋落物内部水分子运动速率，凋落物床层失水系数增加。而空气相对湿度改变，影响了凋落物内部与外部的水汽压，进而影响凋落物水分子移动速率，随着空气相对湿度增加，凋落物内部与外部水汽压减小，水分子移动速率下降，床层失水系数下降。凋落物床层密实度越大，床层内部水分子向外移动路径的复杂度增加，阻力增大，移动速率下降，因此随着凋落物床层密实度的增加，其失水系数在下降。

　　采用Nelson和Simard平衡含水率模型形式作为蒙古栎及红松两种凋落物

床层平衡含水率预测模型。Simard平衡含水率模型拟合效果要优于Nelson平衡含水率模型，这可能是由于Nelson平衡含水率预测模型是基于10h时滞的湿度棒开发而得[18]，而蒙古栎和红松地表凋落物床层结构要比湿度棒复杂，含水率变化过程也比同质规则的湿度棒复杂，因此用Nelson模型进行平衡含水率的预测会产生较大误差。Simard平衡含水率模型是完全基于统计得到的，因此以该模型形式进行参数的重新拟合，得到的Simard平衡含水率模型预测效果较好。陆昕[102, 104]等使用两种预测模型形式进行凋落物平衡含水率预测，Simard模型效果也优于Nelson模型。本研究在不同凋落物床层密实度和相对湿度条件下，建立了以空气温度为自变量的指数形式的失水系数预测模型，方程决定系数R^2都超过0.9，预测效果较好。

本章研究是通过室内构建凋落物床层，分析在不同温湿度条件下，不同结构的凋落物床层含水率变化情况。但由于室内模拟条件具有一定的局限性，凋落物床层结构与野外实际的凋落物床层有些许不同，对试验结果可能会造成一定的误差。此外，本研究只分析了不同温湿度时凋落物床层失水情况，并未分析床层吸水变化情况，综合理解床层失水和吸水的全过程，对于理解温湿度对床层含水率的变化有重要意义。在以后研究中，还应该结合微观机理深入分析空气温度和相对湿度对凋落物床层内部水分子移动速率的影响，这样对于理解温湿度对凋落物床层含水率的变化有很大帮助。

4.5　本章小结

空气温度和相对湿度是重要的气象要素，对地表凋落物床层含水率变化有显著影响，这种影响与凋落物类型、床层结构等有关系。本章总结了东北地区典型可燃物类型蒙古栎和红松地表凋落物床层在不同密实度条件下，不同空气温度和相对湿度配比时凋落物床层平衡含水率与失水系数的变化情况，并建立了相应的平衡含水率和失水系数预测模型。

（1）在固定温湿度条件下，两种可燃物类型的凋落物床层含水率随时间呈指数下降。蒙古栎凋落物床层的平衡含水率均值为14.4%，平衡含水率范围为2.1%～34.9%；红松床层的平衡含水率略低于蒙古栎，均值为11.9%，范围为1.8%～32.7%。蒙古栎床层的失水系数均值为0.104h^{-1}，范围为0.021～0.292h^{-1}；红松针叶床层的失水系数均值为0.106h^{-1}，范围为

$0.015 \sim 0.325 h^{-1}$。

（2）蒙古栎与红松两种可燃物类型的地表凋落物床层的平衡含水率均与空气温度和相对湿度呈显著相关，凋落物床层密实度对平衡含水率没有影响；两种类型的凋落物床层失水系数与空气温度、相对湿度及床层密实度都呈显著相关。

（3）以Nelson和Simard平衡含水率预测模型形式建立了两种凋落物类型的平衡含水率预测模型。采用Nelson模型形式得到蒙古栎和红松凋落物床层的平衡含水率预测模型的平均绝对误差和平均相对误差分别为4.39%和44.71%、3.95%和48.16%；采用Simard模型形式得到蒙古栎凋落物床层的平衡含水率预测模型在相对湿度低于50%和高于50%时的MAE分别为0.61%和0.92%，MRE为7.76%和4.66%，红松床层MAE分别为0.84%和0.64%，MRE分别为21.34%和3.47%。Simard法要明显优于Nelson法。

（4）以床层密实度和相对湿度为分类条件，建立蒙古栎和红松两种凋落物床层失水系数预测模型。蒙古栎床层失水系数预测模型的MAE范围为$0.003 \sim 0.013 h^{-1}$，MRE范围为3.85%～12.21%；红松床层失水系数预测模型MAE最小值为$0.003 h^{-1}$，最大值为$0.011 h^{-1}$，MRE最小值为3.09%，最大值为21.89%。

5 室内模拟风速对不同结构凋落物床层含水率变化的影响

5.1 引言

风能加快空气流动，增加地表凋落物的失水速率，对凋落物含水率动态变化影响很大，是凋落物含水率预测模型中不可缺少的要素。分析风速对地表凋落物含水率变化的影响是准确预测凋落物含水率的关键。国外进行了风速对凋落物含水率变化的影响研究[49, 50]，这些研究局限性较大，大部分都是将风速作为含水率预测模型中的一个预测要素进行分析，虽然能够在一定程度上揭示风速的影响，但并没有将风速作为单独要素研究其对凋落物床层含水率动态变化的影响。风速对凋落物床层含水率的影响，不仅仅与风速有关，还和凋落物床层结构、凋落物类型有关。由于风速对床层含水率变化影响的复杂性，不同学者研究结果都不同，特别是对于关键性问题依旧缺乏共识。例如Britton[49]认为，凋落物床层平衡含水率和时滞都受风速线性影响；但Van Wagner[50, 97]认为风速仅对床层时滞有影响，并且这种影响是非线性的。这表明，风速对凋落物床层含水率动态变化的影响争议依旧很大，需要选择不同凋落物类型和不同结构的床层，在不同风速梯度下，系统分析风速对凋落物床层含水率变化的影响，得到影响床层含水率变化的关键参数与风速之间定量关系，对建立精确度高的含水率预测模型有重要意义。

本研究选择蒙古栎和红松地表凋落物作为研究对象，设置不同的凋落物床层密实度，在不同风速梯度下测定凋落物床层含水率的变化情况。通过凋落物含水率数据得到失水系数，分析风速对不同床层结构失水系数的影响，并以失水系数为因变量，建立相应的关系模型。

5.2 数据处理

本章中使用Statistica 10.0进行数据处理，使用Sigmaplot 12.5绘图。利用软件对试验条件中温湿度进行统计分析。分别床层密实度，选择时间为横坐标，3次重复试验的平均凋落物床层含水率为纵坐标，使用绘图软件绘制两种凋落物床层含水率随时间变化的失水情况。利用软件非线性估计（Non-liner Estimation）计算两种凋落物在不同床层密实度时不同风速的失水系数，并分别床层密实度，以风速为横坐标，床层失水系数为纵坐标，绘制失水系数在不同床层密实度时随风速变化折线图。采用方差分析法（ANOVA test）来分析凋落物床层密实度和风速对其失水系数的影响。根据折线图确定失水系数最优方程形式，以失水系数为因变量，风速为自变量，分别床层密实度，利用非线性估计法计算模型参数，并得到模型平均绝对误差和平均相对误差。

5.3 结果与分析

5.3.1 试验基本情况

图5-1给出了蒙古栎和红松的两种凋落物类型在试验过程中空气温度和湿度范围，可以看出，对于蒙古栎阔叶，单次试验温度差平均值为2.15℃，空气相对湿度差的平均值为2%，以75%区位数值来看，超过平均值的次数不多；对于红松针叶，单次试验温度差平均值为2.0℃，空气相对湿度差平均值为9.7%，根据75%区位值可以看出，超过平均值的试验次数很少。因此，认为每次试验中床层失水系数k值稳定。

5.3.2 不同风速条件下凋落物含水率与时间变化情况

图5-2给出2种凋落物类型不同床层结构的含水率在不同风速条件下随时间变化的曲线（左侧表示蒙古栎，右侧表示红松）。可以看出，不论是

蒙古栎还是红松，凋落物床层含水率都随时间呈指数形式下降。凋落物床层含水率失水过程可以分解为3部分：从床层初始含水率较高至床层含水率为35%时，床层含水率急剧下降，此时水分散失主要是以蒸发为主；凋落物床层含水率低于35%时，下降速率减慢，此时水分下降主要以扩散为主[70]；最后逐渐趋于平衡状态。对于蒙古栎凋落物，随着风速的增加，床层失水速率先增加后减小，不同密实度的床层都是在风速为3m·s⁻¹时达到最大；与蒙古栎不同，对于红松凋落物，随着风速增加，床层失水速率一直增加，不同密实度的床层都是在风速为4m·s⁻¹时达到最大。随着凋落物床层含水率下降，风速对两种类型凋落物床层含水率下降的作用也逐渐变小。

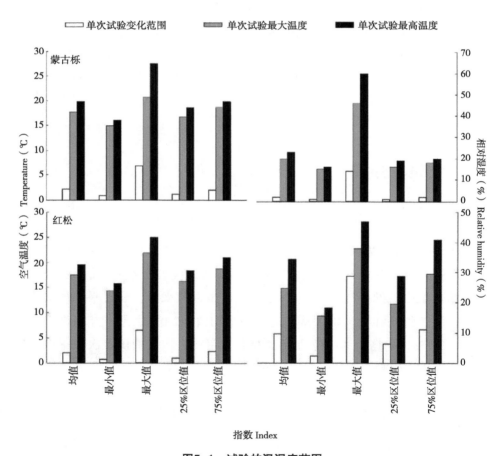

图5-1　试验的温湿度范围

Fig. 5-1　Ranges of temperature and humidity of experiments

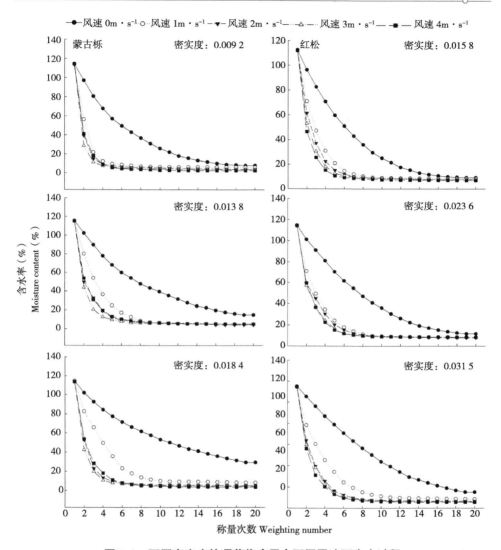

图5-2 不同密实度的凋落物床层在不同风速下失水过程

Fig. 5-2 Drying processes of litter beds of different compactness under different wind speeds

5.3.3 风速及床层密实度对床层失水系数的影响

5.3.3.1 方差分析

表5-1给出了凋落物床层密实度和风速对床层失水系数影响的方差分析

结果，可以看出，两种凋落物类型的床层失水系数都受床层密实度和风速的极显著影响（$P<0.01$）。

表5-1 凋落物床层密实度和风速对失水系数影响的方差分析

Table 5-1 Variance analysis on effects of compactness of litter bed and wind speed on drying coefficients

凋落物类型 Litter type	指数 Index	离差平方和 SS	自由度 df	均方差 MS	F	P
蒙古栎 *Quercus mongolica*	截距 Intercept	42.987	1	42.987	2 860.523	0.000
	密实度 Compactness	0.738	2	0.369	24.566	0.000
	风速 Wind	7.500	4	1.878	124.767	0.000
	误差 Error	0.571	38	0.015		
红松 *Pinus ko-raiensis*	截距 Intercept	29.635	1	29.635	5 500.302	0.000
	密实度 Compactness	0.096	2	0.048	8.892	0.000
	风速 Wind	4.145	4	1.036	192.349	0.000
	误差 Error	0.205	38	0.005		

5.3.3.2 风速对失水系数的影响

由方差分析结果可知，床层密实度和风速对失水系数均有极显著影响。因此以床层密实度为分类条件，分析风速对床层失水系数的影响。可以看出，对于蒙古栎床层，当床层密实度不变时，随着风速增加床层失水系数大部分都是先显著增加后显著下降，当风速为3m·s⁻¹时，蒙古栎床层失水系数达到最大值。对于红松床层，床层密实度固定时，随着风速增加床层失水系数一直增加，两者呈正相关关系。随着床层密实度的增加，风速对床层失水系数的影响逐渐减弱。在不同密实度时，风速对红松床层失水系数的影响不同，说明风速对床层失水系数的作用受其床层结构的影响（图5-3）。

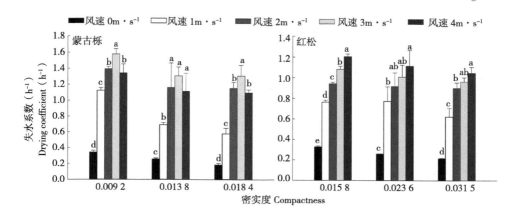

图5-3 失水系数随风速变化情况

Fig. 5-3 Dynamic of drying coefficient with wind speed

5.3.3.3 床层密实度对失水系数的影响

以风速为分类条件,分析床层密实度对失水系数的影响。从图5-4中可以看出,不论是蒙古栎还是红松床层,风速相同时,随着床层密实度的增加床层失水系数都有下降的趋势。对于蒙古栎凋落物床层,随着风速的增加,床层密实度对其失水系数的影响越来越不显著,说明密实度对蒙古栎床层失水系数的影响受风速的作用。对于红松床层,无风条件下失水系数随着密实度增加而显著增大,在有风时床层密实度对其失水系数的影响不显著。

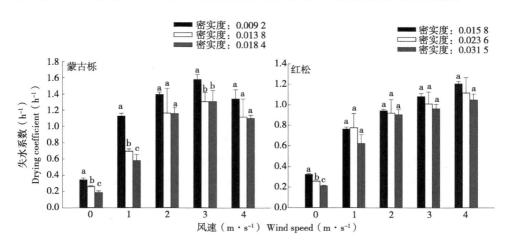

图5-4 失水系数随床层密实度变化情况

Fig. 5-4 Dynamic of drying coefficient with compactness of fuelbed

5.3.4　失水系数预测模型

由于凋落物床层密实度和风速对床层失水系数均有显著影响。因此，以床层密实度为分类条件，然后以床层失水系数为因变量，风速为自变量，建立两种凋落物类型在不同床层密实度时的床层失水系数与风速的方程。

图5-5给出了不同密实度的凋落物床层在不同风速条件下的凋落物床层失水系数折线图（上侧为蒙古栎；下侧为红松）。可以看出，对于蒙古栎床层，床层密实度不变时，随着风速的加大失水系数先增加后减小，$3\mathrm{m \cdot s^{-1}}$时达到最大。无风条件下凋落物床层失水系数变化范围在$0.19 \sim 0.35\mathrm{h^{-1}}$，当风速为$1\mathrm{m \cdot s^{-1}}$时，失水系数都增加了1倍以上。随着凋落物床层密实度的增加，相同风速时床层失水系数在减小。红松与蒙古栎不同，在相同床层密实度条件下，风速对床层失水系数的影响为线性的，且随着风速的增加，失水系数逐渐增加。无风条件时床层失水系数变化范围$0.21 \sim 0.33\mathrm{h^{-1}}$。从无风到有风状态，凋落物床层失水系数倍增。

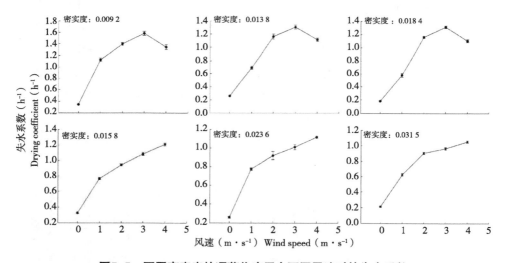

图5-5　不同密实度的凋落物床层在不同风速时的失水系数

Fig. 5-5　Drying coefficient of litter beds of different compactness under different wind speed

根据图5-5，选择不同形式的方程对两种凋落物类型进行建模，以方程得到R^2最大为最优模型。对于蒙古栎床层，最优模型的形式为$k=aw^2+bw+c$；对于红松床层，最优模型形式为$k=aw$。表5-2列出两种凋落物模型参数值，可以看出，对于蒙古栎凋落物床层，参数a随着床层密实度增加先增加后减小，参数b随着床层密实度的增加，先减小后增加，参数c线性减小；对于红松针叶床层，参数a随着床层密实度增加先减小后增加，参数b随着床层密实度增加线性减小。

表5-2 风速对凋落物床层失水系数模型参数值

Table 5-2 Parameters of model describing relationships between wind speed and drying coefficient

凋落物类型 Litter type	密实度 Compactness	a	b	c	R^2
蒙古栎 *Quercus mongolica*	0.009 2	−0.152	0.852	0.364	0.990
	0.013 8	−0.113	0.685	0.216	0.989
	0.018 4	−0.117	0.724	0.121	0.959
红松 *Pinus koraiensis*	0.015 8	0.208	0.449	—	0.917
	0.023 6	0.196	0.426	—	0.843
	0.031 5	0.202	0.349	—	0.875

蒙古栎凋落物类型在床层密实度分别为0.009 2、0.013 8和0.018 4时失水系数模型拟合平均绝对误差分别为$0.035h^{-1}$、$0.108h^{-1}$和$0.085h^{-1}$，平均相对误差分别为3.6%、13.1%和14.9%；红松凋落物类型在床层密实度分别为0.015 8、0.023 6和0.031 5时失水系数模型拟合的平均绝对误差分别为$0.079h^{-1}$、$0.104h^{-1}$和$0.096h^{-1}$，平均相对误差分别为13.6%、21.0%和20.6%。随着床层密实度的增加，两种凋落物失水系数的拟合模型的平均误差和相对误差都增加，但误差基本上都在可接受范围之内。

5.4 讨论

不论是蒙古栎阔叶床层还是红松针叶床层，风速对其床层失水速率的影响是显著的，而且这种影响受到凋落物床层密实度和含水率的作用。随着床层含水率的下降，风速对凋落物床层含水率动态变化的影响效果也逐渐减弱，与Van Wagner[87]的研究结果相似，因为当凋落物床层处于高含水率阶段时，主要是改变了凋落物表面的自由水，而随着床层含水率下降，此时主要是凋落物内部结合水的改变，从凋落物内部进入空气中的水分子减少，风速对其的影响不如自由水。

对于蒙古栎阔叶床层，其失水系数并非随风速增加而增大，而是随风速增加先增加后减小，在风速为$3m \cdot s^{-1}$时达到最大。红松针叶床层与蒙古栎结果不同，其失水系数与风速为线性关系，随着风速增加床层失水系数逐渐增加。Britton[49]等人通过分析风速对草类可燃物失水系数的影响，发现失水系数与风速为线性关系，与红松凋落物床层的研究结果相同，而与蒙古栎凋落物床层研究结果不同，这可能是与床层结构有关系。Byram[33]研究发现高风速能够起到降低林内凋落物温度的作用，进而降低凋落物失水速率，其认为森林中高风速地方的凋落物含水率反而较高。本研究中蒙古栎凋落物床层的最大密实度为0.018 4，红松床层最小密实度为0.015 8，参与试验的红松床层结构比蒙古栎床层密实，当风速较大时（$4m \cdot s^{-1}$），其对蒙古栎床层的降温效果比红松床层更明显，失水效果反而不如低风速，所以对于蒙古栎凋落物床层，高风速时失水系数会下降。因此能够预测，当风速继续增加时，对于红松凋落物床层其失水系数并非一直线性增加，也可能在达到一定峰值后开始下降。

地表凋落物床层与外部环境一直在进行水汽交换，当凋落物进入空气中的水分含量高于从空气进入凋落物内部的水分时，凋落物含水率下降。风主要是从两方面对凋落物床层含水率变化进行影响的，首先是气流将凋落物附近空气中的水分吹走，增加凋落物内部水分子向空气转换，其次是直接将凋落物床层表面的水分吹走。随着床层密实度的增加，凋落物床层内部紧密，床层表面和内部水分进入空气中的数量减少，风带走凋落物床层中的水分数量也下降，所以随着床层密实度增加，床层失水系数在下降，风对凋落物床层含水率动态变化的影响在下降。

针对两种类型的凋落物床层失水系数建立的模型是对凋落物失水过程的描述统计模型，蒙古栎凋落物类型采用的是二次多项式，红松凋落物采用的是一次多项式，两种类型采用的模型形式不同，表明阔叶和针叶在失水过程中对风速的响应机理可能不同。本研究建立的失水系数模型，其使用范围应该在床层密实度相似的区间内使用有效。针对某一地区进行火险预报时，若有阔叶和针叶两种凋落物，应该分别考虑不同类型凋落物床层的失水系数对风速的响应，建立预测模型。

本部分研究是通过室内构建凋落物床层，分析风速对不同结构凋落物床层含水率变化的影响。但由于室内条件局限性，凋落物床层结构与野外实际凋落物床层有些许不同，对试验结果可能会造成一定误差。此外，风速太大能将凋落物全部吹飞，无法继续进行试验，因此没有开展高风速条件下的相关试验。在以后深入研究中，不仅应该扩大风速梯度范围，还应该考虑风速对凋落物床层含水率变化影响的微观机理，例如Nelson[62]对凋落物床层失水系数的理论分析，这样对理解风速对凋落物床层含水率变化的影响有很大帮助。

5.5 本章小结

风是重要的气象因子，其对地表凋落物床层含水率变化的影响显著，这种影响与凋落物类型、凋落物床层结构等有关系。本章总结出东北地区典型可燃物类型蒙古栎和红松地表凋落物床层在不同床层密实度下，不同风速时床层含水率和失水系数变化情况，建立了相应的失水系数预测模型。

（1）两种凋落物类型的床层含水率随时间呈指数下降。凋落物床层含水率高于35%时，床层含水率急剧下降，此时水分以蒸发为主；凋落物床层含水率低于35%时，下降速率减慢，此时凋落物水分以扩散为主。

（2）蒙古栎凋落物床层在不同密实度时，床层失水系数变化范围在 $0.325 \sim 1.646 h^{-1}$ 内，其随着风速的增大都是先增加后减小，在 $3 m \cdot s^{-1}$ 时达到最大；红松凋落物床层在不同密实度时的床层失水系数变化范围在 $0.319 \sim 1.224 h^{-1}$ 内，其与风速呈线性正相关关系，随风速增加而增大。从无风到有风状态，两种凋落物类型失水系数都倍增。

（3）建立两种凋落物类型在不同床层密实度时，床层失水系数的预测模型。其中蒙古栎凋落物床层密实度分别为0.009 2、0.013 8和0.018 4时失水系数模型拟合平均绝对误差分别为 $0.035 h^{-1}$、$0.108 h^{-1}$ 和 $0.085 h^{-1}$，平均相对误差分别为3.6%、13.1%和14.9%；红松床层密实度分别为0.015 8、0.023 6和0.031 5时失水系数模型拟合的平均绝对误差分别为 $0.079 h^{-1}$、$0.104 h^{-1}$ 和 $0.096 h^{-1}$，平均相对误差分别为13.6%、21.0%和20.6%。

6 室内模拟降雨对不同结构凋落物床层含水率变化的影响

6.1 引言

降雨是森林火险预测预报中重要的气象要素，在森林火险预报中起到了十分重要的作用[111]。降雨能够增加地表凋落物床层含水率，其对凋落物床层含水率动态变化的影响极其复杂。凋落物床层结构、初始含水率、降雨持续时间及降水量因素等对凋落物床层含水率动态变化对降雨的响应有影响。国内外进行了降雨对凋落物床层含水率动态变化研究，但大部分研究都是结合其他气象动态要素分析的，将温湿度等气象要素剥离出来，研究单独降雨对凋落物床层含水率变化的影响较少。Van wagner[97]通过试验研究得到床层含水率能够达到最大的饱和含水率约为400%，将其放置在阴凉处大约2h含水率即减少了63%；Pech[25]等人分析了在不同降雨持续时间下，不同初始含水率的地衣床层达到饱和的时间及床层含水率的变化情况；Heatwole[112]分别为不同的降雨区间提供了各自床层含水率变化公式；马壮[53]分析了凋落物床层含水率在不同降水量、不同床层结构及初始含水率时，凋落物床层含水率变化情况。上述研究基本都是定性分析，并没有定量分析降雨对凋落物床层含水率变化的影响，特别是降雨因子及凋落物床层特征对床层含水率动态变化的影响，以及降雨后凋落物床层饱和时间及饱和含水率的预测模型建立。因此，需要选择不同类型凋落物和不同结构的床层，在不同降水量和床层初始含水率梯度下，系统分析降雨对凋落物床层含水率变化的影响，并建立相应预测模型，对理解雨后凋落物床层含水率变化机理，进行凋落物床层含水率预测有重要意义。

本研究选择蒙古栎和红松地表凋落物为研究对象，设置不同的床层初始含水率和密实度，研究在不同降水量时凋落物床层含水率变化情况。分析降水量和床层初始含水率对不同床层结构饱和含水率及达到饱和所需时间的影响，并选择合适的预测因子，建立两种床层凋落物类型雨后达到饱和所需时间及饱和含水率的预测模型。

6.2 数据处理

使用Statistica 10.0进行数据处理，使用Sigmaplot 12.5进行绘图。利用软件对降雨模拟试验过程中温湿度数据进行基本统计。分别床层密实度、初始含水率和降水量，以称量次数为横坐标，3次重复试验的平均床层含水率为纵坐标，使用绘图软件绘制两种凋落物床层含水率随时间变化吸水情况。利用Statistica 10.0中方差分析法（ANOVA test）分析初始含水率、密实度和降水量对两种凋落物床层饱和时间和饱和含水率的影响，并利用LSD检验方法进行不同降水量、初始含水率及密实度的多重比较。根据方差分析得到对饱和时间和饱和含水率有显著影响的预测因子，并绘制饱和时间及饱和含水率变化折线图，根据折线图确定最优方程形式，以饱和时间和饱和含水率为因变量，有显著影响的预测因子为自变量，利用非线性估计法（Non-liner estimation）计算拟合模型参数，并得到模型平均绝对误差和平均相对误差。

6.3 结果与分析

6.3.1 试验基本情况

表6-1给出了室内降雨试验过程中温湿度基本情况。可以看出，对于蒙古栎阔叶，单次试验温度差的平均值为1.82℃，相对湿度差的平均值为3.0%，根据75%区位数值来看，超过平均数的次数并不多；对于红松凋落物，单次试验温度差和相对湿度差的均值分别为2.21℃和4.0%，75%区位数值超过平均值的次数不多。因此，可以认为每次试验中床层吸水系数k值稳定。

表6-1　试验环境基本情况

Table 6-1　Basic information of experimental environment

凋落物类型 Litter type			温度（℃） Temperature（℃）			相对湿度（%） Relative humidity（%）		
		单次试验温度差 Temperature variation of single experiment	单次试验最低温度 Minimum temperature of single experiment	单次试验最高温度 Maximum temperature of single experiment	单次试验相对湿度差 Relative humidity variation of single experiment	单次试验相对湿度最小 Minimum relative humidity of single experiment	单次试验最大相对湿度 Maximum relative humidity of single experiment
蒙古栎 Quercus mongolica	平均值 Mean	1.82	24.7	26.3	3	38	43
	最小值 Minimum	0.50	22.6	23.1	1	32	35
	最大值 Maximum	5.60	28.2	30.4	15	51	62
	25%区位值 25% percentile	1.15	23.0	24.9	1	30	33
	75%区位值 75% percentile	1.40	25.1	26.0	3	36	39
红松 Pinus koraiensis	平均值 Mean	2.21	26.8	28.9	4	45	49
	最小值 Minimum	0.70	23.0	24.5	2	37	38
	最大值 Maximum	6.92	30.9	33.8	18	53	66
	25%区位值 25% percentile	2.03	25.0	26.7	2	38	40
	75%区位值 75% percentile	2.11	27.7	28.3	3	41	46

6.3.2 不同降水量时凋落物床层含水率与时间变化情况

不论是蒙古栎阔叶床层还是红松针叶床层，在降雨条件下，其床层含水率随着时间推移呈对数形式增加，到达饱和含水率后停止上升，床层饱和含水率随降水量的增加而增大；随着床层密实度增加，凋落物床层含水率达到饱和的时间也增加（图6-1）。对于蒙古栎阔叶床层，床层密实度为0.009 2、0.013 8和0.018 4时，床层达到饱和含水率时需要的最长时间分别为0.89h、1.00h和1.72h；不同降水量时床层吸水速率不同，随着降水量增加，床层吸水速率也增大；随着蒙古栎阔叶床层密实度的增加，降水量为16mm时，床层达到饱和含水率和其他降水量时分界线增大。对于红松针叶床层，床层密实度分别为0.015 8、0.023 6、0.031 5时，其达到饱和含水率需要最长时间分别为1.06h、1.28h和2.06h；降水量为2mm、4mm和10mm时，床层达到饱和含水率时的差别不大，且随着床层密实度的增加，这种差别越来越小。蒙古栎阔叶床层比红松针叶床层更容易达到饱和，且其床层饱和含水率要高于红松针叶床层的饱和含水率。

6.3.3 凋落物床层饱和时间研究

6.3.3.1 方差分析

根据表6-2方差分析结果可以看出，对于蒙古栎阔叶床层，其达到饱和含水率所需时间主要受床层密实度和降水量的影响；对于红松针叶床层，床层密实度、初始含水率及降水量对其达到饱和所需的时间都有极显著的影响。

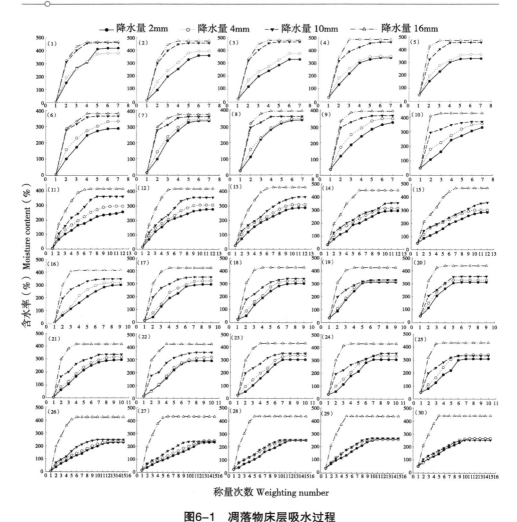

含水率（%）Moisture content（%）

称量次数 Weighting number

图6-1　凋落物床层吸水过程

Fig. 6-1　Absorbing process of litter beds

注：（1）～（15）表示蒙古栎凋落物床层，其中（1）～（5）、（6）～（10）、（11）～（15）分别表示蒙古栎凋落物床层密实度为0.009 2、0.013 8和0.018 4时，不同初始含水率的凋落物床层在不同降水量时床层含水率随时间变化情况；（16）～（30）表示红松凋落物床层，其中（16）～（20）、（21）～（25）、（26）～（30）分别表示红松床层密实度为0.015 8、0.023 6和0.031 5时，不同初始含水率的凋落物床层在不同降水量时床层含水率随时间变化情况

Note：（1）～（15）denotes the fuel type of *Quercus mongolica*，where（1）～（5），（6）～（10）and（11）～（15）indicate the change of the moisture content of the litter beds with different initial moisture content when the compactness of the litter bed of *Quercus mongolica* is 0.009 2, 0.013 8 and 0.018 4, respectively. (16) ~ (30) denotes the fuel type of *Pinus koraiensis*, where (16) ~ (20), (21) ~ (25) and (26) ~ (30) indicate the change of the moisture content of litter beds with different initial moisture content when the compactness of the litter bed of *Pinus koraiensis* is 0.015 8, 0.023 6 and 0.031 5, respectively

表6-2　凋落物床层密实度、初始含水率和降水量对凋落物床层达到饱和
时间影响的方差分析

Table 6-2　Variance analysis on effects of compactness of litter bed, initial moisture content and rainfall on saturation time of litter bed

凋落物类型 Litter type	指数 Index	离差平方和 *SS*	自由度 *df*	均方差 *MS*	*F*	*P*
蒙古栎 *Quercus mongolica*	截距 Intercept	47.408	1	47.408	3 387.737	0.000
	密实度 Compactness	6.049	2	3.024	216.112	0.000
	初始含水率 Initial moisture content	0.035 0	4	0.009	0.625	0.647
	降水量 Rainfall	2.427	3	0.809	57.805	0.000
	误差 Error	0.670	50	0.014		
红松 *Pinus ko-raiensis*	截距 Intercept	64.136	1	64.136	2 649.239	0.000
	密实度 Compactness	4.372	2	2.186	90.302	0.000
	初始含水率 Initial moisture content	0.688	4	0.172	7.099	0.000
	降水量 rainfall	5.307	3	1.769	73.065	0.000
	误差 Error	1.210	50	0.024 2		

6.3.3.2　床层密实度对饱和时间的影响

对于蒙古栎阔叶床层，其床层初始含水率对饱和时间没有影响（表6-2），因此以初始含水率为分类条件研究对饱和时间的影响就没有意义。为便于分析床层密实度对蒙古栎床层饱和时间的影响，将降水量和床层密实度配比下的5个初始含水率梯度的饱和时间的算术平均值作为该降水量和床层密实度配比下的饱和时间，共有12组配比。选择降水量为分类条件，分析蒙古栎床层密实度对其饱和时间的影响。可以看出，不论降水量如何改

变，饱和时间随床层密实度的增加都有增加趋势，当凋落物床层密实度从0.009 2增至0.013 8其饱和时间都没有显著差异，床层密实度为0.018 4时，床层饱和时间显著增加。不同降水量时，床层密实度对饱和时间的影响都相同，说明密实度对饱和时间的影响不受降水量的干扰。

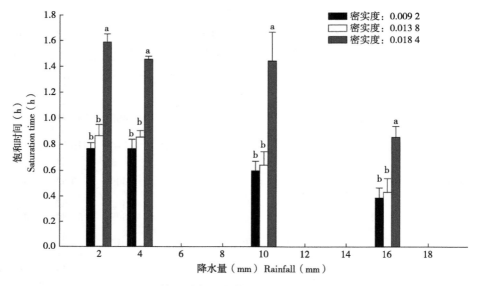

图6-2　饱和时间随凋落物床层密实度变化情况
Fig. 6-2　Dynamic of saturation time with litter bed compactness

由于红松针叶床层密实度、初始含水率及降水量对饱和时间均有极显著影响，因此以降水量及床层初始含水率为分类条件，分析床层密实度对饱和时间的影响（图6-3）。可以看出，凋落物床层初始含水率为15%、降水量为2mm和初始含水率为35%、降水量为16mm条件时，床层密实度从0.015 8增加至0.023 6，饱和时间下降，但差异不明显。其余配比下不论床层初始含水率和降水量如何改变，床层达到饱和含水率所需的时间随着床层密实度增加而增加，且密实度从0.015 8变为0.023 6时，床层饱和时间虽然都有增加趋势，但差异都不显著；当床层密实度从0.023 6增加至0.031 5时，床层饱和时间显著增加。不同初始含水率和降水量时，床层饱和时间与密实度变化趋势相似，说明密实度对床层饱和时间的作用不受初始含水率和降水量的影响。

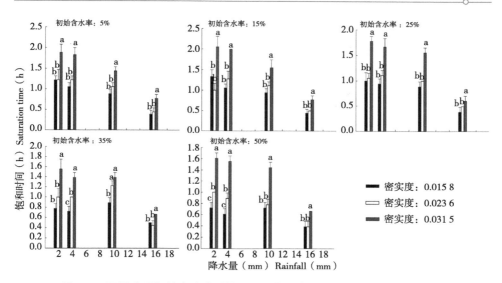

图6-3　不同床层初始含水率时饱和时间与凋落物床层密实度的变化情况

Fig. 6-3　Dynamic of saturation time with litter bed compactness under different initial moisture content of litter bed

6.3.3.3　降水量对床层饱和时间的影响

对于蒙古栎阔叶床层，与6.3.3.2中凋落物床层密实度对饱和时间的影响研究相似，以床层密实度为划分条件，分析降水量对床层饱和时间的影响。从图6-4可以看出，随着降水量的增加，床层饱和时间表现出下降的趋势。其中，降水量分别为2mm和4mm时，床层饱和时间差异都不显著，随着降水量大幅度增加，饱和时间都显著下降。

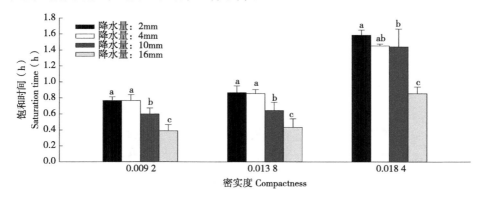

图6-4　饱和时间随降水量变化情况

Fig. 6-4　Dynamic of saturation time with rainfall

对于红松针叶床层，由于床层密实度、初始含水率和降水量对饱和时间均有显著影响，因此以床层密实度和初始含水率为分类条件，分析降水量对床层饱和时间的影响。从图6-5可以看出，不论床层初始含水率和密实度如何改变，随着降水量的增加，饱和时间都有下降的趋势。降水量低于16mm时，随着降水量的增加，凋落物床层饱和时间变化差异大部分都不明显；降水量为16mm时，凋落物床层饱和时间显著下降。与蒙古栎床层相似，降水量对床层达到饱和时间的影响主要是在暴雨（16mm）时作用明显，降水量较小时，对饱和时间的影响并不显著。

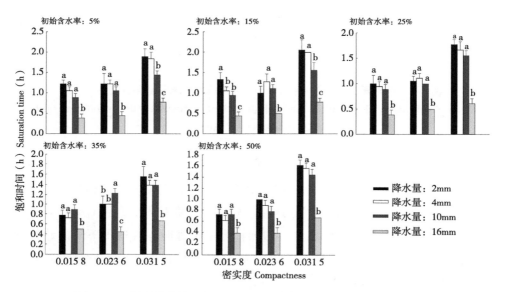

图6-5 不同凋落物床层初始含水率时饱和时间与降水量的变化情况

Fig. 6-5 Dynamic of saturation time with rainfall under different initial moisture content of litter bed

6.3.3.4 初始含水率对红松针叶床层饱和时间的影响

蒙古栎阔叶床层初始含水率对床层饱和时间没有显著影响（表6-2），因此本节只分析红松针叶床层初始含水率对其达到饱和时间的影响。图6-6给出不同床层密实度和降水量条件下饱和时间与床层初始含水率之间的变化情况。可以看出，床层达到饱和的时间与床层初始含水率之间的关系随着床层密实度和降水量的改变没有一致的变化规律。其中，当试验中降水量和床层密实度的配比分别为2mm和0.023 6、10mm和0.015 8、10mm和0.031 5、

15mm和0.015 8以及15mm和0.023 6时，凋落物床层饱和时间的变化随初始含水率的改变差异不显著。对于其他降水量和床层密实度的配比情况，大部分都是随着床层初始含水率的增加，饱和时间有显著下降的趋势，其中相邻的初始含水率梯度时的饱和时间差异不显著，当凋落物床层初始含水率跳跃式增加时，其饱和时间会显著下降。不同降水量和床层密实度时饱和时间与床层初始含水率的变化情况都不同，说明初始含水率对饱和时间的作用可能受床层密实度和降水量的影响。

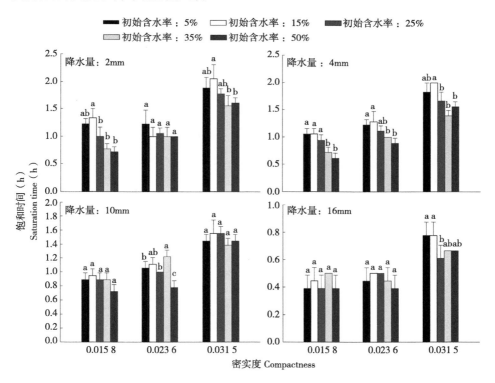

图6-6 不同降水量时饱和时间与凋落物床层初始含水率的变化情况

Fig. 6-6 **Dynamic of saturation time with initial moisture content of litter bed under different rainfall**

6.3.4 凋落物床层饱和含水率研究

6.3.4.1 方差分析

根据方差分析结果（表6-3）表示，不论是蒙古栎阔叶床层还是红松针叶床层，都是凋落物床层密实度和降水量对床层饱和含水率有极显著的影响（$P<0.01$），床层初始含水率对床层饱和含水率没有影响。

表6-3　凋落物床层密实度、初始含水率和降水量对床层饱和含水率影响的方差分析

Table 6-3　Variance analysis on effects of compactness of litter bed, initial moisture content and rainfall on saturated moisture content

凋落物类型 Litter type	指数 Index	离差平方和 SS	自由度 df	均方差 MS	F	P
蒙古栎 Quercus mongolica	截距 Intercept	8 338 542	1	8 338 542	14 071.840	0.000
	密实度Compactness	58 024	2	29 012	48.960	0.000
	初始含水率 Initial moisture content	492	4	123	0.251	0.933
	降水量 Rainfall	120 368	3	40 123	67.710	0.000
	误差 Error	29 628	50	593		
红松 Pinus ko- raiensis	截距 Intercept	6 612 333	1	6 612 333	15 283.390	0.000
	密实度Compactness	31 750	2	18 575	42.930	0.000
	初始含水率 Initial moisture content	2 048	4	512	1.180	0.330
	降水量 rainfall	190 367	3	63 456	146.670	0.000
	误差 Error	21 632	50	433		

6.3.4.2　床层密实度对其饱和含水率的影响

凋落物床层初始含水率对床层达到饱和含水率的值没有影响（表6-3），以床层初始含水率作为分类条件就没有意义。为便于分析床层密实度和降水量是如何影响凋落物床层饱和含水率，将降水量和床层密实度配比下的5个凋落物床层初始含水率梯度的饱和含水率的算术平均值作为该降水量和床层密实度配比下的饱和含水率，共有12组配比。

选择降水量为分类条件，分析床层密实度对其饱和含水率的影响（图6-7）。对于蒙古栎阔叶床层，降水量低于16mm时，床层饱和含水率随着密实度的增加逐渐减小，其中当降水量分别为2mm和4mm时，不同床层密实度时的饱和含水率差异都是极显著的；降水量为10mm时，当床层密实度从0.009 2

增加至0.013 8时，其床层饱和含水率显著下降，床层密实度分别为0.013 8
和0.018 4时，饱和含水率差异不显著；降水量为16mm时，床层饱和含水率
随密实度的增加先减小后增加，且3个密实度梯度时的床层饱和含水率差异
都极显著。对于红松针叶床层，降水量低于16mm时，床层饱和含水率随其
密实度增加而减小，其中降水量为2mm时，随着床层密实度的增加其饱和
含水率差异极显著下降；降水量适中时，床层密实度从0.015 8增至0.023 6
时，饱和含水率差异不明显，随着床层密实度继续增加，饱和含水率显著
下降；降水量为16mm时，红松针叶床层的饱和含水率随着床层密实度的增
加，先显著下降又显著增加。

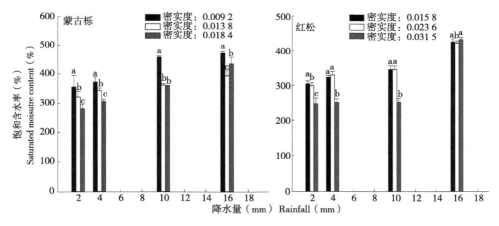

图6-7　饱和含水率随凋落物床层密实度的变化情况
Fig. 6-7　Dynamic of saturated moisture content with litter bed compactness

6.3.4.3　降水量对床层饱和含水率的影响

以床层密实度为分类条件，分析降水量对床层饱和含水率的影响（图6-8）。
对于蒙古栎阔叶床层，不论床层密实度为多少，饱和含水率随降水量的增
加都是增大趋势。当床层密实度为0.009 2时，降水量从2mm变为4mm及从
10mm变为16mm，床层饱和含水率增加，但没有显著差异。降水量从4mm
增至10mm，床层饱和含水率显著增加；当床层密实度为0.013 8时，随着降
水量增加，床层饱和含水率都显著增加；当床层密实度为0.018 4时，降水
量从2mm增加至4mm时，其变化对床层饱和含水率的影响不显著，降水量
继续增加会显著加大床层饱和含水率。对于红松针叶床层，不论床层密实

度如何改变，饱和含水率与降水量呈正比。针叶床层密实度为0.015 8时，床层饱和含水率随着降水量的增大显著增加；床层密实度为0.023 6时，降水量从2mm变为4mm时，床层饱和含水率显著增加，降水量分别为4mm和10mm时，饱和含水率没有显著差异，降水量为16mm时，床层饱和含水率显著增加；床层密实度为0.031 5时，降水量低于16mm时，随着降水量的增加，床层饱和含水率都没有显著差异，降水量为16mm时的凋落物床层饱和含水率显著增加。

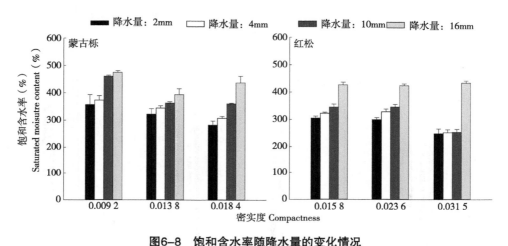

图6-8　饱和含水率随降水量的变化情况

Fig. 6-8　Dynamic of saturated moisture content with rainfall

6.3.5　凋落物床层饱和时间及饱和含水率模型

6.3.5.1　凋落物床层饱和时间预测模型

由6.3.3可知，蒙古栎凋落物床层饱和时间受床层密实度和降水量的影响，与床层初始含水率不相关，因此床层初始含水率不作为蒙古栎床层饱和时间预测模型的预测因子。对于红松针叶床层，虽然床层初始含水率对饱和时间有显著影响，但其对饱和含水率的作用受密实度和降水量的影响，而且在实际应用中很难将初始含水率作为预测因子输入模型预测饱和时间，因此红松针叶床层饱和时间预测模型同样选择降水量和床层密实度为预测因子。为便于数据处理，建立模型，将降水量和床层密实度配比下的5个初始含水率梯度的饱和时间的算术平均值作为该降水量和床层密实度配比下的饱和时间，共12组配比。图6-9给出蒙古栎及红松两种可燃物类型床层在不同密实度时，饱和时间随降水量变化的折线图。选择不同形式的方程建立其预测模型，以方程得到R^2最大值为最优模型，蒙古栎和红松凋落物床层在不同密实度时的最优模型形式为$T=aR+b$，其中：T为饱和时间（h）；R为降水量（mm）；a和b为模型参数。

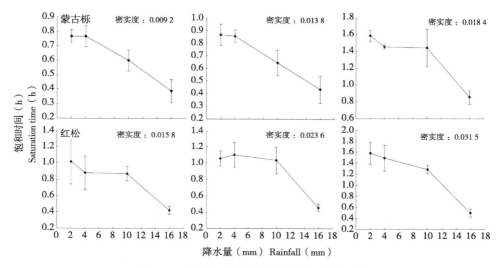

图6-9 凋落物床层饱和时间随降水量变化

Fig. 6-9 Line diagram of the saturation time of litter bed with rainfall

表6-4给出蒙古栎和红松不同床层密实度时饱和时间预测模型参数值。可以看出，两种凋落物类型的饱和时间预测模型中参数b都随着床层密实度的增加逐渐增加；参数a与凋落物床层密实度呈负相关关系。

表6-4 降水量对凋落物床层饱和时间预测模型参数值

Table 6-4 Parameters of model describing relationships between rainfall and saturation time of litter bed

凋落物类型 Litter type	密实度 Compactness	a	b	R^2
蒙古栎 *Quercus mongolica*	0.009 2	−0.028 0	0.8543	0.960 2
	0.013 8	−0.032 2	0.9578	0.981 2
	0.018 4	−0.046 9	1.7109	0.821 0

（续表）

凋落物类型 Litter type	密实度 Compactness	a	b	R^2
红松 *Pinus koraiensis*	0.015 8	−0.037 2	1.092 2	0.841 2
	0.023 6	−0.041 9	1.245 9	0.753 3
	0.031 5	−0.0739	2.002 2	0.907 7

蒙古栎凋落物床层密实度分别为0.009 2、0.013 8和0.018 4时饱和时间预测模型拟合平均绝对误差分别为0.025h、0.018h和0.101h，平均相对误差分别为4.0%、2.4%及8.2%；对于红松床层，其密实度分别为0.015 8、0.023 6和0.031 5时床层饱和时间预测模型拟合平均绝对误差分别为0.073h、0.114h和0.107h，平均相对误差分别为10.7%、14.6%和9.2%。蒙古栎阔叶床层饱和时间预测模型拟合误差随凋落物床层密实度的增加逐渐增加，红松针叶床层饱和时间预测模型拟合误差随床层密实度的增加先增加后减小，但两种凋落物类型的预测误差都在可接受范围之内。

6.3.5.2　凋落物床层饱和含水率预测模型

由6.3.4中表6-3可知，蒙古栎和红松两种可燃物床层饱和含水率都与床层密实度和降水量极显著相关，床层初始含水率对其饱和含水率没有影响。因此两种凋落物类型的床层饱和含水率预测模型都选择床层密实度和降水量为预测因子。为便于分析两个影响因子对凋落物床层饱和含水率的影响，建立符合影响机理的预测模型，将降水量和床层密实度配比下的5个初始含水率梯度的饱和含水率的算术平均值作为该降水量和床层密实度配比下的饱和含水率，共12组配比。图6-10给出了两种凋落物床层在不同密实度时饱和含水率随降水量的变化折线图，选择不同形式的方程对其进行建模，选择R^2最大的方程作为最优模型形式，蒙古栎和红松床层在不同密实度时的最优模型形式为$M_s = aR + b$，其中：M_s为饱和含水率（%）；R为降水量（mm）；a和b为模型参数。

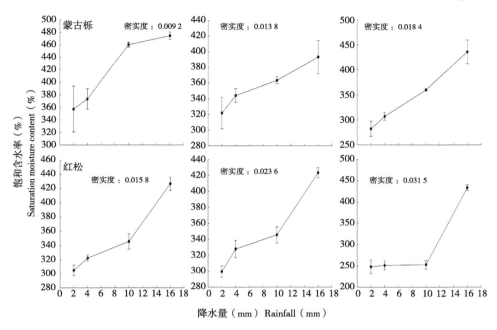

图6-10 凋落物床层饱和含水率随降水量变化

Fig. 6-10 Line diagram of the saturation moisture content of litter bed with rainfall

表6-5给出蒙古栎和红松两种凋落物床层在不同密实度时的饱和含水率预测模型参数值。可以看出，蒙古栎和红松两种凋落物床层饱和含水率预测模型中参数a都是随着床层密实度的增加先减小后增大，参数b随着床层密实度增加逐渐减小。

表6-5 降水量对凋落物床层饱和含水率预测模型参数值

Table 6-5 Parameters of model describing relationships between rainfall and saturation moisture content of litter bed

凋落物类型 Litter type	密实度 Compactness	a	b	R^2
	0.009 2	8.993 3	344.486 7	0.912 4
蒙古栎 *Quercus mongolica*	0.013 8	4.708 9	318.028 9	0.967 1
	0.018 4	10.746 7	260.276 7	0.993 9

（续表）

凋落物类型 Litter type	密实度 Compactness	a	b	R^2
红松 *Pinus koraiensis*	0.015 8	8.196 7	284.226 7	0.931 2
	0.023 6	8.052 2	284.915 6	0.927 3
	0.031 5	12.302 2	198.365 6	0.730 1

蒙古栎床层密实度为0.009 2、0.013 8和0.018 4时，其床层饱和含水率预测模型的平均绝对误差分别为12.9%、3.8%和3.8%，平均相对误差分别为3.0%、1.1%和1.0%；对于红松床层，床层密实度为0.015 8、0.023 6和0.031 5时，其床层饱和含水率预测模型的平均绝对误差分别为10.3%、10.5%和33.9%，平均相对误差分别为2.9%、3.0%和11.9%。红松床层饱和含水率预测模型误差明显高于蒙古栎床层，但饱和含水率预测模型误差均在可接受范围内。

6.4　讨论

蒙古栎阔叶床层的平均饱和含水率为372%，红松针叶床层的平均饱和含水率为332%，蒙古栎阔叶床层的饱和含水率要高于红松针叶床层，并不代表单个蒙古栎叶片的饱和含水率高于红松针叶，凋落物水分主要包括叶片细胞中的结合水以及细胞外侧的自由水，由于蒙古栎叶片面积显著大于红松松针，其自由水含量也显著高于红松松针，因此蒙古栎床层的饱和含水率要高于红松针叶。Pech[26]等人认为松针床层最大床层含水率仅为250%，本研究中红松床层含水率远大于该值，这可能是因为降雨试验过程中，由于是室内模拟试验，凋落物床层密实度较大，凋落物外部有些滞留的水分也被作为凋落物床层含水率进行计算，因此床层含水率比较高。

对于蒙古栎阔叶床层，其饱和时间与降水量和床层密实度有极显著的关系，且两种影响因子之间相互不干扰；对于红松针叶床层，降水量、床层初始含水率和密实度对其床层饱和时间均有显著影响，其中凋落物床层初始含水率对饱和时间的影响受降水量和其密实度的作用。两种凋落物类型出现不同结果可能是因为蒙古栎床层密实度低于红松针叶床层，随着床层密实度的增加，凋落物床层紧实度增加，凋落物内部水分交换作用加强，床层初始含水率影响凋落物间的水汽交换，因此随着床层密实度的增加，凋落物床层初始含水率对凋落物饱和时间的影响会越来越显著，所以对于红松针叶床层，床层初始含水率对饱和时间的作用受床层密实度和降水量的影响。对于蒙古栎阔叶床层，其床层密实度较低，且其叶片面积大而蜷缩，凋落物床层内部紧实度低，水汽交换弱，凋落物床层初始含水率对其床层含水率变化的影响较低，因此床层初始含水率对饱和时间没有影响。

不论是蒙古栎阔叶床层还是红松针叶床层，其床层饱和含水率都受降水量和凋落物床层密实度的影响，与床层初始含水率没有关系。降雨条件下，床层密实度对床层含水率的影响主要包括对雨水的截留作用和凋落物之间的水汽交换，随着密实度的增加，截留作用增强，阻碍下层凋落物接受更多的雨水，但促进了凋落物之间的水汽交换，加速了上下层凋落物的水汽交换，因此密实度对凋落物床层饱和含水率的影响有一定双重性。两种凋落物床层情况相似，当降水量低于16mm时，随着床层密实度的增加，凋落物床层饱和含水率在下降，这可能是因为随着床层密实度的增加，虽然凋落物床层水汽交换增加，但降水量较低，此时凋落物床层对雨水的截留作用更加明显，所以饱和含水率会下降；但当降水量为16mm时，此时雨水充足，随着凋落物床层密实度的增加，其截留作用的影响不显著，上下层凋落物水汽交换逐渐增强，因此床层饱和含水率会出现增加的现象。相同床层密实度时，随着降水量的增加床层饱和含水率都在增加，这主要是因为随着降水量的增加，凋落物截留作用减弱，下层凋落物能接受更多的雨水，所以床层饱和含水率会增加。当红松床层密实度为0.031 5、降水量低于16mm时的床层饱和含水率都差异不显著，这也印证了之前的猜想，床层密实度极大时（0.031 5），对低降水量的雨水截留作用差别不大，所以床层饱和含水率差异不显著，当降水量增加至16mm时，床层中各横截面的凋落物截留作用显著下降，所以床层饱和含水率显著增加。

两种类型凋落物的饱和时间预测模型及床层饱和含水率预测模型是对凋落物床层在降雨条件下吸水过程的统计模型，两种凋落物的预测模型都采用了一次多项式，模型形式都相同，表明这两种类型的凋落物在吸水过程中对降雨的响应机理可能相同。本研究建立的饱和时间和饱和含水率预测模型，其使用范围应该在与本研究床层密实度相似的区间内使用有效。

本章研究是通过室内构建凋落物床层，分析降雨条件下，降水量对不同结构和初始含水率的凋落物床层含水率变化的影响。但由于室内模拟降雨条件的局限性，室内构造的凋落物床层结构与野外实际床层有些许不同，对试验结果可能会造成一定误差。此外，凋落物下层土壤的含水量、结构等特征对凋落物含水率有显著影响，特别是通透性差的土壤结构，持续降雨时，下层凋落物可能会被完全浸泡，而浸泡和降雨对凋落物床层含水率变化的影响显著不同[113-115]，因此凋落物床层下方土壤结构对其含水率的影响也十分重要，但是本试验仅是简单模拟了野外状况，并未进行多种土壤结构条件下的试验。在以后深入研究中，不仅应该增加下层不同土壤结构条件，还应考虑降雨对凋落物含水率变化影响的微观机理，例如Pech[26]通过分析苔藓水分容量进而确定凋落物床层含水率变化情况，这样对于理解降雨对凋落物床层含水率变化有很大帮助。

6.5 本章小结

降雨是重要的气象要素，直接影响地表凋落物含水率变化，这种影响与凋落物类型、床层结构、降水量等有显著关系。本章总结了东北地区典型可燃物类型蒙古栎和红松地表凋落物床层在不同密实度和初始含水率下，不同降水量时床层饱和时间和饱和含水率的变化情况，并建立了相应的饱和时间及饱和含水率预测模型。

（1）两种类型的凋落物床层含水率在降雨条件下随时间呈对数增加。蒙古栎床层比红松床层更容易达到饱和，且其饱和含水率要高于红松。蒙古栎凋落物床层密实度分别为0.009 2、0.013 8和0.018 4时，达到饱和含水率时需要最长时间分别为0.89h、1.00h和1.72h；红松凋落物床层密实度分别为0.015 8、0.023 6、0.031 5时，其达到饱和含水率需要最长时间分别为1.06h、1.28h和2.06h。

（2）对于蒙古栎凋落物床层，其饱和时间和饱和含水率都受降水量和床层密实度的影响，与床层初始含水率不相关；对于红松针叶床层，降水量、床层密实度和初始含水率对饱和时间都有显著影响，而饱和含水率与床层密实度和降水量显著相关。

（3）建立两种可燃物类型在不同床层密实度时，床层饱和时间和饱和含水率的预测模型。其中蒙古栎床层密实度分别为0.009 2、0.013 8和0.018 4时，饱和时间预测模型拟合的平均绝对误差分别为0.025h、0.018h和0.101h，平均相对误差分别为4.0%、2.4%及8.2%；饱和含水率预测模型拟合的平均绝对误差分别为12.9%、3.8%和3.8%，平均相对误差分别为3.0%、1.1%和1.0%。红松床层密实度分别为0.015 8、0.023 6和0.031 5时，饱和时间预测模型拟合的平均绝对误差分别为0.073h、0.114h和0.107h，平均相对误差分别为10.7%、14.6%和9.2%；饱和含水率预测模型拟合的平均绝对误差分别为10.3%、10.5%和33.9%，平均相对误差分别为2.9%、3.0%和11.9%。

7 野外地表凋落物床层含水率日变化预测模型研究

7.1 引言

地表凋落物床层含水率动态变化预测是当前林火预测预报的核心任务，提高预报准确性研究一直是林火科学中重要研究内容[80, 116]。当前，提高凋落物床层含水率动态变化预测精度的主流方法有两种：一是缩短凋落物含水率预测尺度，即以时或更短的时间作为预测尺度；二是根据不同的林分立地条件、可燃物类型及特征建立相应的预测模型。由于地表凋落物床层含水率具有强烈的空间异质性[117, 118]，若选择第二种方法提高预测精度，则需要建立各种凋落物及立地条件下的含水率预测模型，将耗费巨大人力物力，很难在实际中应用。因此，本研究主要选择第一种方法，通过缩短预测尺度来提高凋落物含水率预测精度的研究。对于特定林型的凋落物来说，越短的预测尺度，预测精度越高[18, 77]。

通过前几章内容可知，气象要素特别是温湿度、风速和降雨对不同结构的凋落物床层含水率变化及含水率预测过程中模型参数等有极显著的影响，是其变化的主要驱动因子。气象因子在一天中具有强烈的日变化过程，进而导致地表凋落物含水率也具有强烈日变化，以往的研究中由于每天的气象因子监测次数有限，不能得到气象因子日变化过程的详细信息，凋落物含水率预测只能通过每日一个（两个）时间的气象要素值计算，预测尺度较大，无法反映凋落物含水率每日变化的真实过程，因此预测精度低。随着气象观测技术的发展，气象要素能够以1h或更短的时间进行监测。以往的研究证明，以时为步长进行地表凋落物床层含水率预测基本能够满足当前林火预测预报的精度要求[119]。因此本研究以时为步长，进行地表凋落物床层含水率日变化过程预测模型的研究。

本研究选择气象要素回归法和时滞法进行以时为步长的地表凋落物床层含水率日变化过程及预测模型研究。国外进行了凋落物含水率日动态变化研究，但这些研究由于大部分都是基于一日中某一时刻的含水率推测其余时刻含水率或完全通过水汽交换物理过程进行凋落物含水率动态变化研究，导致模型结构复杂且误差较大，很难在实际中得到推广与应用[18, 60, 61, 66, 69]。国内也进行了这方面的研究，但其研究范围仅是白天地表凋落物床层含水率的动态变化，对于夜间含水率变化并未考虑，而夜间凋落物床层含水率对于林火预测预报，林火扑救等具有至关重要的作用，这对于含水率预测模型的实际应用及精度等造成了一定的影响[120, 121]。

综上，本研究以蒙古栎和红松地表凋落物床层为研究对象，在春季防火期内以1h为时间间隔，对其含水率动态变化持续监测7d，共获取336组数据。在监测样地内架设气象站，以10min为间隔，与采样时间同步开始监测林内气象数据。与室内试验对比，分析监测期间气象要素日动态变化及两种类型凋落物含水率的日动态变化情况，得到对地表凋落物床层含水率日动态变化过程有显著影响的气象要素。选择气象要素回归法和时滞法以时为步长构建凋落物含水率日变化预测模型，比较模型误差。

7.2 数据处理

本章中使用Statistica 10.0和R4.0.2进行数据处理，使用Sigmaplot 12.5绘图。利用软件对监测过程中气象要素和凋落物床层含水率进行统计分析。以采样时间序列为横坐标，分别以气象要素及3个样点的地表凋落物床层含水率算术平均值为纵坐标，使用绘图软件绘制气象要素和含水率日动态变化折线图。对3.3.1.2中整理得到的各种气象指标与地表凋落物床层含水率进行Person相关性分析，探讨气象要素对凋落物床层含水率日动态变化的影响。以Person相关性分析得到对含水率变化有显著影响的因子（$\alpha=0.05$）作为预测模型中的自变量，两种凋落物床层含水率为因变量，采用逐步回归的方法建立多元线性方程。利用软件的非线性估计（Non-liner estimation），计算时滞法中Nelson法和Simard法的参数值。采用n-fold交叉验证方法检验3种模型误差精度，得到模型平均绝对误差及平均相对误差，绘制误差柱状图，对比3种预测模型误差。以监测时间为横坐标，Nelson法、Simard法、气象要素回归法预测值和实测值为纵坐标，绘制折线图及以实测值为横坐标，预测值为纵坐标，绘制1∶1散点图，比较3种预测模型在每日不同时间段和地表凋落物床层含水率不同范围时的预测效果。

7.3 结果与分析

7.3.1 监测期间气象要素日动态变化

表7-1给出了监测期间样地内气象要素基本统计情况。可以看出，在整个监测期间，空气温度变化范围为3.35～27.48℃，平均温度为16.63℃，最大差异为24.13℃；空气相对湿度最小值为24%，最大值为100%，平均值为58%，监测期内最大差异为76%；风速变化范围为0.00～3.53m·s⁻¹，平均风速为0.93m·s⁻¹，最大差异为3.53m·s⁻¹；降水量变化范围为0.00～1.20mm，平均降水量仅为0.03mm。以1h为监测间隔统计各气象指标变化情况，可以看出，4个气象指标在监测间隔内的最小变化值都为0。空气温度最大变化值为4.92℃，平均变化值为1.13℃；空气相对湿度最大变化值为29%，平均变化值为5%；风速最大变化值为2.27m·s⁻¹，平均变化值为0.47m·s⁻¹；降水量最大变化值为1.2mm。

在整个野外监测期间，空气温度整体呈现下降趋势，其日动态变化具有明显的规律性，即凌晨温度达到最低，随着时间推移，温度逐渐上升，至14∶00时左右，然后开始下降，凌晨达到最低。相对湿度在整个监测期间波动不大，但同样具有强烈的日变化规律，而且与空气温度的日动态变化正好相反，在凌晨时达到峰值，随着空气温度升高，相对湿度逐渐下降。在最后一日空气相对湿度持续上升至最大值后变化较小，这主要是因为该日出现较大降雨所致（图7-1）。

图7-2给出监测期间样地内风速和降水量变化情况。可以看出，对于风速来说，白天风速大小及波动要明显高于夜间，但并未表现出统一的日变化规律；降雨在整个含水率监测期间是随机出现的，只在最后1日有降雨。

表7-1　监测期间气象要素基本统计情况

Table 7-1　Basic statistics of meteorological elements during monitoring

气象要素 Meteorological element	平均值 Mean value	最小值 The minimum value	最大值 The maximum value	监测间隔平均变化值 The mean change value of monitoring interval	监测间隔最小变化值 The minimum change value of monitoring interval	监测间隔最大变化值 The maximum change value of monitoring interval
温度（℃）Temperature（℃）	16.63	3.35	27.48	1.13	0.00	4.92
相对湿度（%）Relative Humidity（%）	58	24	100	5	0	29
风速（m · s^{-1}）Wind speed（m · s^{-1}）	0.93	0.00	3.53	0.47	0.00	2.27
降水量（mm）Rainfall（mm）	0.03	0	1.20	0.03	0.00	1.20

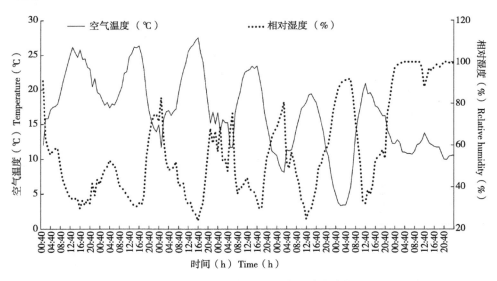

图7-1 空气温度和相对湿度日动态变化

Fig. 7-1 Diurnal variation of air temperature and relative humidity

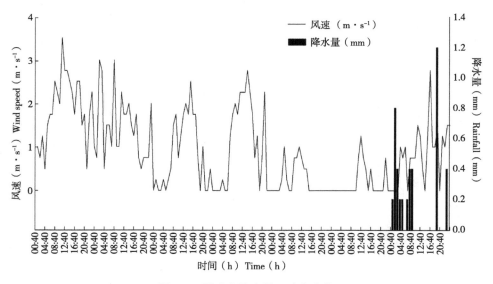

图7-2 风速和降水量日动态变化

Fig. 7-2 Diurnal variation of wind speed and rainfall

7.3.2 地表凋落物含水率日动态变化

表7-2给出监测期内两种地表凋落物床层含水率基本统计情况。可以看

出，在整个监测期内，蒙古栎地表凋落物床层含水率最小值仅为17.91%，最大值为469.15%，平均值为69.58%；红松地表凋落物床层含水率低于蒙古栎，最小值仅为9.28%，最大值为122.20%，平均值为31.71%。以1h的监测间隔统计两种地表凋落物床层含水率动态变化情况，可以看出，蒙古栎阔叶床层含水率1h内最小变化值为0%，最大值为275.12%，平均变化值为8.04%；红松针叶床层变化情况低于蒙古栎床层，其在1h监测步长内，最小变化值为0%，最大变化值为39.84%，平均变化值仅为2.01%。

表7-2　监测期间地表凋落物含水率基本统计情况

Table 7-2　Basic statistics of moisture content of surface litter during the monitoring period

凋落物类型 Litter type	平均值 Mean value	最小值 The maximum value	最大值 The minimum value	监测间隔平均变化值 The mean change value of monitoring interval	监测间隔最小变化值 The minimum change value of monitoring interval	监测间隔最大变化值 The maximum change value of monitoring interval
蒙古栎 *Quercus mongolica*	69.58	17.91	469.15	8.04	0	275.12
红松 *Pinus koraiensis*	31.71	9.28	122.20	2.01	0	39.84

地表凋落物床层含水率日动态变化监测前2d有较大降雨，累积降水量达8.00mm，因此两种类型的地表凋落物床层在监测初期都具有较高的含水率。可以看出，两种类型的凋落物含水率每日都有明显的日动态变化。其中，监测刚开始第1d，蒙古栎地表凋落物床层含水率一直下降，下午时开始上升；红松地表凋落物床层含水率第1d整日都是在下降。第2~6d两种类型的凋落物床层含水率都表现出相似的日动态变化趋势，即含水率从凌晨开始上升至8：40左右达到峰值，进而开始下降，13：40—15：40时含水率最低，然后又开始上升。在这个过程中，由于风速的出现，导致每日不同时间段的凋落物床层含水率变化并不是完全相同的，会出现一些波动，但总体趋

势是相同的。第7d两种凋落物床层含水率都急剧上升，这主要是因为该日凌晨有降雨，且降水量达到4.4mm。降雨条件下，蒙古栎阔叶床层含水率要显著高于红松床层（图7-3）。

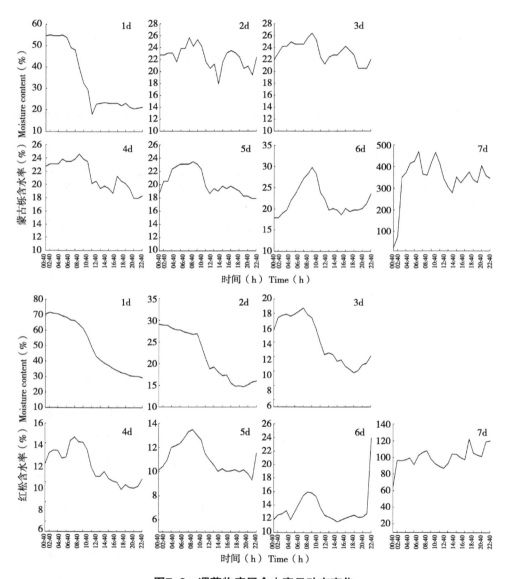

图7-3 凋落物床层含水率日动态变化

Fig. 7-3 Diurnal variation of moisture content of litter bed

7.3.3 地表凋落物含水率日动态变化与气象因子相关性分析

7.3.3.1 空气温度对地表凋落物含水率日动态变化的影响

表7-3给出空气温度与地表凋落物床层含水率的相关系数。可以看出，两种类型的凋落物床层含水率与空气温度都呈极显著负相关关系，蒙古栎阔叶床层含水率比红松针叶床层含水率对空气温度的变化更敏感。随着时间向前推移，空气温度与地表凋落物含水率的相关系数逐渐变大，含水率对空气温度的响应越来越明显。前n小时的平均空气温度比n小时前的空气温度对凋落物床层含水率的影响要更显著。

表7-3 两种地表凋落物含水率与空气温度的相关关系系数
Table. 7-3 The coefficient of correlation between air temperature and moisture content of two types of surface litter fuels

气象因子 Meteorological factors	蒙古栎 Quercus mongolica	红松 Pinus koraiensis	气象因子 Meteorological factors	蒙古栎 Quercus mongolica	红松 Pinus koraiensis
T_0	-0.354^{**}	-0.240^{**}	T_{b1}	-0.355^{**}	-0.266^{**}
T_{a1}	-0.354^{**}	-0.251^{**}	T_{b2}	-0.356^{**}	-0.289^{**}
T_{a2}	-0.357^{**}	-0.265^{**}	T_{b3}	-0.356^{**}	-0.306^{**}
T_{a3}	-0.362^{**}	-0.280^{**}	T_{b4}	-0.353^{**}	-0.315^{**}
T_{a4}	-0.366^{**}	-0.292^{**}	T_{b5}	-0.346^{**}	-0.315^{**}
T_{a5}	-0.371^{**}	-0.303^{**}			

注：**表示在0.01水平上显著相关；*表示在0.05水平上显著相关。下同

Note：** Denote correlation is significant at the 0.01 level，* Denote correlation is significant at the 0.05 level. The same below

7.3.3.2 相对湿度对地表凋落物含水率日动态变化的影响

两种类型的地表凋落物含水率都是随着相对湿度的增加而增大，两者呈极显著正相关关系（表7-4）。凋落物床层含水率对相对湿度的响应也表现出滞后性，随着相对湿度采集时间越靠近采样时间，其对含水率的影响逐渐减小。前n小时的平均相对湿度对含水率变化的作用要高于n小时前的相对湿度。

表7-4 两种地表凋落物含水率与相对湿度的相关关系系数

Table 7-4 The coefficient of correlation between relative humidity and moisture content of two types of surface litter fuels

气象因子 Meteorological factors	凋落物类型 Litter type 蒙古栎 *Quercus mongolica*	红松 *Pinus koraiensis*	气象因子 Meteorological factors	凋落物类型 Litter type 蒙古栎 *Quercus mongolica*	红松 *Pinus koraiensis*
H_0	0.670**	0.606**	H_{b1}	0.679**	0.638**
H_{a1}	0.678**	0.626**	H_{b2}	0.686**	0.665**
H_{a2}	0.689**	0.646**	H_{b3}	0.689**	0.684**
H_{a3}	0.700**	0.666**	H_{b4}	0.686**	0.694**
H_{a4}	0.710**	0.685**	H_{b5}	0.679**	0.694**
H_{a5}	0.720**	0.702**			

7.3.3.3 风速对地表凋落物含水率日动态变化的影响

表7-5给出两种类型地表凋落物床层含水率动态变化和风速的相关系数。可以看出，蒙古栎阔叶床层含水率与所有风速指标都为负相关，但都不是显著相关的；红松针叶床层含水率与所有风速指标都是负相关关系，但与 n 小时前的风速并不显著相关，与当时风速及前 n 小时的平均风速显著相关，且前1h平均风速对红松凋落物床层含水率的影响最显著。

表7-5 两种地表凋落物含水率与风速的相关关系系数

Table 7-5 The coefficient of correlation between wind speed and moisture content of two types of surface litter fuels

气象因子 Meteorological factors	凋落物类型 Litter type 蒙古栎 *Quercus mongolica*	红松 *Pinus koraiensis*	气象因子 Meteorological factors	凋落物类型 Litter type 蒙古栎 *Quercus mongolica*	红松 *Pinus koraiensis*
W_0	−0.024	−0.191*	W_{b1}	−0.008	−0.139

（续表）

气象因子 Meteorological factors / 凋落物类型 Litter type	蒙古栎 *Quercus mongolica*	红松 *Pinus koraiensis*	气象因子 Meteorological factors / 凋落物类型 Litter type	蒙古栎 *Quercus mongolica*	红松 *Pinus koraiensis*
W_{a1}	−0.043	−0.256**	W_{b2}	−0.048	−0.087
W_{a2}	−0.030	−0.241**	W_{b3}	−0.067	−0.063
W_{a3}	−0.005	−0.212**	W_{b4}	−0.103	−0.026
W_{a4}	−0.014	−0.187*	W_{b5}	−0.088	−0.002
W_{a5}	−0.26	−0.167*			

7.3.3.4 降雨对地表凋落物含水率日动态变化的影响

降雨与两种地表凋落物床层含水率的日动态变化都是极显著正相关关系（表7-6），即随着降水量的增加，凋落物床层含水率显著增加。可以看出，随着累积降水量的时间尺度越大，其对地表凋落物床层含水率日动态的变化越显著，而且前n小时的累积降水量对含水率日动态变化的影响要高于n小时前的降水量。

表7-6 两种地表凋落物含水率与降水量的相关关系系数

Table 7-6 **The coefficient of correlation between rainfall and moisture content of two types of surface litter fuels**

气象因子 Meteorological factors / 凋落物类型 Litter type	蒙古栎 *Quercus mongolica*	红松 *Pinus koraiensis*	气象因子 Meteorological factors / 凋落物类型 Litter type	蒙古栎 *Quercus mongolica*	红松 *Pinus koraiensis*
R_0	0.397**	0.482**	R_{b1}	0.474**	0.458**
R_{a1}	0.562**	0.547**	R_{b2}	0.509**	0.406**
R_{a2}	0.653**	0.588**	R_{b3}	0.522**	0.398**

（续表）

气象因子 Meteorological factors	凋落物类型 Litter type 蒙古栎 *Quercus* *mongolica*	红松 *Pinus* *koraiensis*	气象因子 Meteorological factors	凋落物类型 Litter type 蒙古栎 *Quercus* *mongolica*	红松 *Pinus* *koraiensis*
R_{a3}	0.777**	0.626**	R_{b4}	0.489**	0.424**
R_{a4}	0.850**	0.670**	R_{b5}	0.562**	0.437**
R_{a5}	0.872**	0.695**			

7.3.4 地表凋落物床层含水率日动态变化预测模型

7.3.4.1 参数估计

表7-7给出基于Nelson法与Simard法的蒙古栎和红松两种地表凋落物床层含水率日动态变化预测模型的估计参数。可以看出，采用Nelson法和Simard法得到蒙古栎地表凋落物床层的时滞分别为4.24h和29.25h，红松地表凋落物床层的时滞分别为16.34h和52.32h，蒙古栎阔叶床层时滞低于红松针叶床层时滞；蒙古栎凋落物床层采用Nelson法得到的参数值α及β的绝对值大于红松凋落物床层；对于相同凋落物类型，Simard法估计得到的时滞均大于Nelson法，Nelson法拟合程度R^2大于Simard法。

表7-7　Nelson和Simard模型参数
Table 7-7　The parameters of Nelson and Simard model

凋落物类型 Litter type	Nelson模型					Simard模型		
	α	β	λ	τ	R^2	λ	τ	R^2
蒙古栎 *Quercus mongolica*	2.862	−1.642	0.889	4.24	0.959	0.983	29.25	0.947
红松 *Pinus koraiensis*	1.062	−0.551	0.970	16.34	0.974	0.990	52.32	0.971

采用逐步回归方法进行参数估计，得到对地表凋落物床层含水率日变化影响最大的气象因子，并建立相应的气象要素回归模型。可以看出，对于蒙

古栎地表凋落物床层含水率日动态变化的气象要素回归预测模型中，选择的变量为前5h的累积降水量、当前时刻降水量及5h前的相对湿度；对于红松凋落物类型，影响因子主要是前5h的累计降水量和平均相对湿度、3h前的降水量及当前时刻降水量（表7-8）。

表7-8　气象要素回归模型参数

Table 7-8　The parameters of regression model of meteorological elements

凋落物类型 Litter type	模型 Model	R^2	F	P
蒙古栎 *Quercus mongolica*	$M=-0.062+0.082R_{a5}+0.579R_0+0.006H_{b5}$	0.661	109.303	0.000
红松 *Pinus koraiensis*	$M=-0.483+0.497R_{a5}+0.016H_{b5}+1.046R_{b3}+0.778R_0$	0.827	201.273	0.000

7.3.4.2　模型误差比较

基于Nelson法、Simard法和气象要素回归法得到蒙古栎地表凋落物床层含水率日动态变化预测模型平均绝对误差（MAE，下同）分别为0.110、0.080、0.303，平均相对误差（MRE，下同）分别为26.7%、6.5%、79.8%；红松地表凋落物床层含水率日动态变化3种预测模型的MAE分别为0.02、0.02和0.146，MRE分别为2.1%、5.27%和70.8%。可以看出，不论是哪种预测方法，红松针叶床层的预测效果要好于蒙古栎阔叶床层；不论是蒙古栎还是红松地表凋落物床层，都是Simard法的预测效果最好，Nelson法次之，气象要素回归法效果最差（图7-4）。

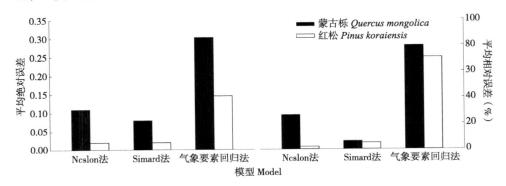

图7-4　误差比较

Fig. 7-4　Error comparison

7.3.4.3 地表凋落物床层含水率每日动态与预测值对比

图7-5给出蒙古栎和红松两种地表凋落物床层含水率日动态变化实测值和预测值的折线对比图。对于蒙古栎地表凋落物床层，每日Simard法预测值与实测值变化最吻合，Nelson法次之，气象要素回归法吻合度最低。第1d含水率监测试验开始于降雨之后，床层含水率较高其值持续下降，在凌晨至中午阶段，Nelson法和Simard法预测偏高，床层含水率降至当日最低后，Simard法与实测值基本吻合，Nelson法预测值开始低于实测值，气象要素回归法预测值持续下降。第2～6d无降雨，此时气象要素回归法预测值有一定的规律性，即从每日凌晨开始含水率下降，至15：00左右，然后开始上升，与实测值吻合度最差；Nelson法在每日凌晨至9：00左右预测值略高于实测值，在白天阶段其预测值略低于实测值，18：00左右预测值又开始高于实测值；Simard法预测结果最好，预测值与实测值几乎完全吻合，但在每日含水率最低时段（12：00—15：00）其预测值都略高于实测值。第7d出现降雨，此时气象要素回归法预测效果比前几日要好，特别是在降雨开始阶段；降雨时Nelson法和Simard法预测结果较为一致，与实测值变化较为吻合，但预测效果不如非降雨时段。

对于红松地表凋落物床层，Simard法预测值与实测值最吻合，Nelson法次之，气象要素回归法预测效果最差。第1d床层含水率较高，此时气象要素回归法预测值低于实测值，但波动与实测值相同；Nelson法在11：00—14：00时预测值高于实测值，其余时刻都略低于实测值；该日Simard法预测效果不如Nelson法，在下降至一定值后，Simard法预测值高于实测值。第2～6d无降雨，此时每日气象要素回归法表现出相似的波动，都是随着时间推移先增加后减小再增加，在下午及晚上预测效果较好；第2d Nelson法预测结果与第1d相似，其余时间都是在白天阶段预测效果较好，夜间及凌晨预测值高于实测值；Simard法预测值效果最好，几乎与实测值吻合。第7d出现降雨，气象要素回归法预测值波动与实测值相同，但其波动要大于实测值；Simard法与Nelson法预测结果相似，但Simard法更接近实测值。

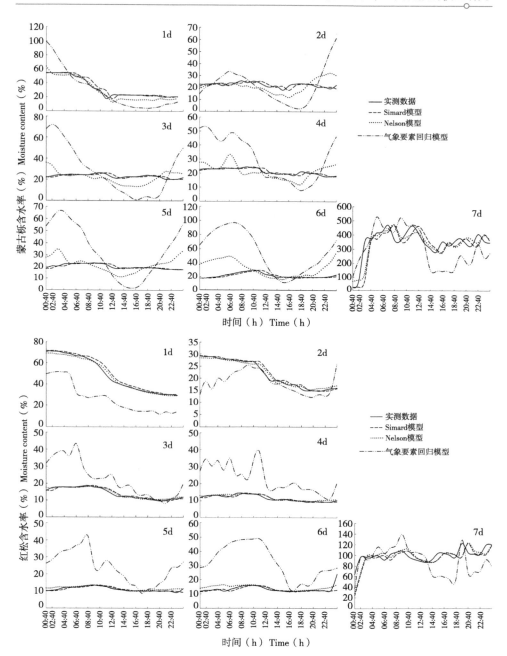

图7-5 凋落物床层含水率日动态变化实测与预测值

Fig. 7-5 Measured and predicted values of diurnal variation of moisture content of litter bed

7.3.4.4　实测值与预测值对比

对于蒙古栎地表凋落物床层，3种预测方法都是在其含水率较低时预测效果最好（图7-6）。可以看出，当床层处于低含水率时，Nelson法预测值高于实测值，随着含水率升高预测值靠近实测值；Simard法预测效果明显优于Nelson法，实测预测数据都处在1：1线附近，模拟线几乎与1：1线重合；气象要素回归法预测值普遍高于实测值。当床层处于较高含水率时，Nelson法和Simard法预测效果相似，都较为均匀地分布在1：1线两侧；气象要素回归法预测值离散程度大，效果不好。

对于红松地表凋落物床层，Nelson法和Simard法预测效果相同，特别是在低含水率时预测效果最好，随着含水率升高，预测效果较差，但也都均匀地分布在1：1线周围。气象要素回归法预测其含水率动态变化的效果最不好。

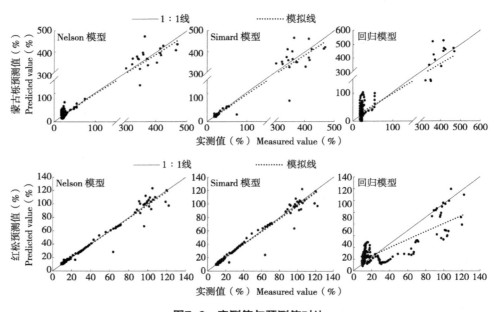

图7-6　实测值与预测值对比

Fig. 7-6　Comparison between measured and predicted values

7.4　讨论

在整个监测期间，蒙古栎和红松地表凋落物床层含水率差异显著

（$n=168$，$t=4.00$，$P=0.00$），无降雨时两种凋落物床层含水率差异不显著（$n=146$，$t=1.91$，$P=0.06$），说明两种凋落物床层含水率差异显著主要是由于降雨造成的，雨后蒙古栎阔叶床层含水率高达469.15%，红松仅为122.20%，这主要是由于含水率监测方法及叶片形状共同导致[122]。含水率监测最后1d出现大降雨（8mm），蒙古栎叶片大而蜷缩，红松松针细长[89, 123]，相较于红松床层，蒙古栎床层水分更难从表面向下渗透，而本研究采用的为非破坏性采样方法，称量时并未擦去表面水分，因此降雨后蒙古栎床层含水率显著高于红松针叶床层。

不论是蒙古栎还是红松地表凋落物床层，其含水率日动态变化与空气温度、相对湿度和降雨都显著相关，且随着气象要素采集时间距采样时间越远，其对含水率的影响越显著，说明地表凋落物床层含水率对气象要素的响应具有一定的滞后性，这与本研究室内试验研究结果以及大部分学者的研究结果相同[37, 41, 94, 124-129]。对于空气温度来说，前n小时的平均温度比n小时前的作用更显著，通过对两种处理方法时的相关系数进行t检验（蒙古栎：$n=5$，$t=2.46$，$P=0.04$；红松：$n=5$，$t=-1.52$，$P=0.17$），表明两种空气温度处理方法对蒙古栎凋落物含水率的影响差异是显著的，对红松凋落物影响差异不显著；相对湿度对两种地表凋落物床层含水率的影响也都是极显著的，含水率随相对湿度的增加而增加，通过对两种相对湿度处理方法下的相关系数进行t检验，得到（蒙古栎：$n=5$，$t=2.06$，$P=0.08$；红松：$n=5$，$t=-0.58$，$P=0.57$），表明两种相对湿度的处理方法对两种凋落物床层含水率日动态变化的影响没有显著差异；风速对蒙古栎地表凋落物床层含水率日变化没有影响，这可能是由于凋落物含水率对风速的响应一般不存在滞后性，本研究中蒙古栎地表凋落物床层的时滞大于红松凋落物床层，含水率对外界因素的响应速度较快，每小时的变化可能仅与前几分钟的风速相关。前n小时的平均风速对红松床层含水率有极显著的负影响，n小时前的风速对其的影响不显著，说明风速对凋落物床层含水率的影响是之前一段时间平均积累的作用，单独时间点的风速对其的影响较小；降雨对凋落物含水率的影响主要是累积降水量的作用，通过对两种处理方法的相关系数进行t检验（$n=5$，$t=3.79$，$P=0.01$；红松：$n=5$，$t=6.94$，$P=0.00$），两种处理方法对两种凋落物床层含水率日动态变化的影响是有显著差异的。

Nelson法中参数β作为平衡含水率公式中的斜率，反映了平衡含水率对空气温度和相对湿度的响应程度，参数β的绝对值越大，表示凋落物对温湿度的响应越敏感[59]。蒙古栎β绝对值超过红松，说明蒙古栎地表凋落物床层的持水能力低于红松，其对温湿度的响应更敏感，这与7.3.3中气象要素相关系数分析吻合。Nelson法中蒙古栎和红松地表凋落物床层时滞分别为4.24h与16.34h，于宏洲[119-121]等研究得到阔叶的时滞为1~8h，针叶的时滞为1~4h；陆昕[104, 130, 131]等通过Nelson法得到落叶松林和白桦林地表凋落物床层的时滞分别为15.6h和29.1h。出现不同的研究结果可能是由于试验过程中采样方法、采样时间及可燃物类型等不同所致。通过Simard法得到的时滞都高于Nelson法，这主要是因为两种平衡含水率响应方程机理不同，Nelson法是基于凋落物内部水汽交换推导的半物理方程，而Simard法是基于对气象因子的响应推导出的统计方程，因此Simard法计算得到的时滞高于Nelson法。

蒙古栎和红松地表凋落物床层含水率日动态变化预测模型中，Simard法预测效果最好，Nelson法次之，气象要素回归法最差。实测含水率变化幅度较小时，Simard法预测值与实测值基本吻合，但在实测含水率升降过程中，其预测值滞后于实测值，这主要是因为Simard法是基于对温湿度响应得到的平衡含水率方程，其对温湿度的变化也有滞后性；Nelson法在白天的预测效果要优于夜间，其误差来源也主要是由于夜间数据造成的；气象要素回归法误差较大，其预测值变化主要依赖于每日气象要素的变化，并未与实测含水率表现出相同的变化过程，无法在火险预报中应用。对于蒙古栎凋落物类型，含水率较低时，Nelson法预测值高于实测值，这在林火预报中人为提高了含水率，降低了火险等级；Simard法在低含水率时预测值和实测值基本吻合，预测效果最好，因此采用Simard法建立蒙古栎地表凋落物床层含水率日动态变化预测模型。对于红松凋落物类型，Nelson法和Simard法预测结果相似，低含水率时其预测值和实测值都均匀分布在1∶1线周围，对于红松地表凋落物床层含水率日动态预测模型，Simard法和Nelson法均适用。

本章研究通过对蒙古栎和红松地表凋落物床层进行连续7d以时为步长的含水率监测，分析了两种凋落物床层含水率日动态变化规律，建立以时为步长的日动态变化预测模型并分析误差。但由于人力物力的局限性，本研究并未考虑林分特征的影响，不同的林分特征和地形条件对凋落物含水率日动态变化及预测模型建立有显著影响。此外，降雨条件下对凋落物床层含水率日动态变化预测模型的精度有影响，本研究仅在监测最后1d出现降雨，由于数据量过少，并未进行详细分析。在今后的研究中，应当增大研究范围，不仅应该综合考虑各种林分特征和地形因子下的凋落物含水率日动态变化规律，还应该进行降雨条件下及雨后的凋落物床层含水率日动态变化模型研究，这样对于提高含水率预测模型的实际应用及精度有重要意义。

7.5 本章小结

地表凋落物床层含水率具有强烈的日变化规律，其变化主要受气象因子的驱动，预测尺度越短，含水率预测模型精度越高。本章总结了蒙古栎和红松地表凋落物床层含水率在春防期间含水率日动态变化情况，分析了两种凋落物类型日动态变化与气象因子的关系，并采用Nelson法、Simard法、气象要素回归法建立了以时为步长的预测模型。

（1）空气温度和相对湿度具有稳定的日变化，凌晨空气温度最低，然后开始上升，至中午14：00时达到最大值，继续下降；相对湿度正好与空气温度变化趋势相反。风速和降雨并没有稳定的日变化规律，但是夜间风速低于白天风速。

（2）蒙古栎地表凋落物床层含水率在降雨条件下显著高于红松，两种凋落物类型都有相同的日变化规律。在无降雨条件下，凋落物床层含水率从凌晨开始上升，8：40时含水率达到最大，然后开始下降至13：40—15：40时含水率最低，然后又开始上升。整个过程中，随机的风速会使日变化规律有细微波动，但总体趋势未变。

（3）空气温度、相对湿度和降水量对地表凋落物床层含水率日动态变化有极显著的影响，含水率动态变化对气象要素的响应有一定滞后性，随着采集时间的向前推移，相关性越来越显著。蒙古栎含水率动态变化与风速不相关，红松含水率动态变化与当前风速及前n小时的平均风速显著相关。

（4）选择Nelson法、Simard法和气象要素回归法，以时为步长建立了两种地表凋落物床层含水率日动态变化预测模型。采用Nelson法和Simard法得到蒙古栎和红松两种凋落物类型的时滞分别为4.24h、16.34h和29.25h、52.32h。对于蒙古栎凋落物，Nelson法、Simard法和气象要素回归法的MAE和MRE分别为0.11、0.08、0.30和26.7%、6.5%、79.8%；对于红松凋落物，3种建模方法的MAE和MRE分别为0.02、0.02、0.146和2.1%、5.27%、70.8%。不论是蒙古栎还是红松地表凋落物床层含水率日动态变化预测模型，都是Simard法预测效果最好，Nelson法次之，气象要素回归法效果最差。

8 讨论与结论

8.1 讨论

本研究以我国东北地区温带森林生态系统中的蒙古栎林和红松林下地表凋落物床层为研究对象，通过室内构建不同密实度的凋落物床层，模拟温度、湿度、风速和降雨，研究了单独气象要素对不同结构床层含水率动态变化的影响。结果发现，以床层为研究对象得到的结果与单独凋落物为研究对象得到的结果差异较大，刘曦等人[99, 102, 105]以单独凋落物为研究对象，其平衡含水率值低于本研究，Pech[26]分析得到的单独凋落物饱和含水率也显著低于本结果。在实际林火预测预报中，若使用单独凋落物的结果会对预测精度造成较大误差，因此本研究选择床层为研究对象，更符合野外实际情况，对于提高含水率预测精度及林火预报准确度有重要意义。此外，床层特征主要包括密实度、排列顺序等，研究表明其中床层密实度对其含水率动态变化的影响是极显著的[51-53]，床层含水率动态变化主要是由床层内凋落物含水率对气象因子的响应引起的，包括凋落物表面自由水散失和凋落物内部水分向外扩散两部分[71]。随着床层密实度的增加，床层内部凋落物紧密度增加，床层内水分（自由水和结合水）向外扩散的路径复杂，因此床层失水系数（饱和时间）会降低（增加）。此外，床层密实度增加还会使单独凋落物之间的自由水减少，因此降雨条件下床层饱和含水率可能会出现下降。

蒙古栎和红松凋落物床层含水率对4种气象因子的响应都受床层密实度的作用。在试验设定的温湿度区间内，不同密实度的蒙古栎和红松床层失水系数范围为$0.021 \sim 0.292h^{-1}$和$0.015 \sim 0.325h^{-1}$；在本研究的风速区间内，不同密实度的蒙古栎和红松床层失水系数范围为$0.325 \sim 1.646h^{-1}$和

$0.319 \sim 1.224h^{-1}$。可以看出，风速因子会显著提高凋落物床层含水率失水速率，这主要是因为风速能够加速凋落物内部水分向外扩散速率和凋落物表面水分散失速率[33, 49]。在单独风速因子研究中，最大红松失水系数低于蒙古栎，出现这个情况的原因可能是由于在试验设计中红松床层的密实度远高于蒙古栎及与凋落物形状有关系。红松针叶细长，床层密实度较高时，风速对其含水率动态变化的作用并不显著；相反，蒙古栎阔叶叶片面积大而蜷缩，试验设计中床层密实度低于红松床层，因此风速的作用更加明显，所以在有风条件下，床层失水系数会低于蒙古栎。而在无风条件下，红松床层失水系数区间大于蒙古栎，这可能是因为无风时，温湿度的影响主要是作用于凋落物内部水分向外扩散速率，而试验设计中蒙古栎床层密实度低于红松，所以红松凋落物内部水分向外移动路径更加复杂，失水速率区间较大。降雨条件下，蒙古栎和红松床层的饱和时间分别为0.89h、1.00h、1.72h和1.06h、1.28h、2.06h。与温度、湿度和风速的结果相似，红松床层达到饱和的时间要显著高于蒙古栎，这与床层密实度区间有显著关系。研究结果表明，凋落物床层密实度对其含水率动态变化有显著影响，在建立含水率预测模型时，应充分考虑床层结构特征，对于提高含水率预测精度有重要意义。

固定温度和湿度条件下，蒙古栎和红松凋落物床层失水系数预测模型形式相同；降雨条件下，两种凋落物类型的饱和时间和饱和含水率预测模型形式相同，在一定程度上能够说明蒙古栎和红松凋落物床层含水率动态变化对温湿度和降雨的响应机制是相同的。蒙古栎床层失水系数对风速响应的预测模型为二次多项式，红松凋落物为一次多项式，说明风速对阔叶和针叶床层失水过程的影响机理可能不同，在含水率预测模型研究中，应该针对不同凋落物类型进行建模。

基于野外蒙古栎和红松地表凋落物含水率日动态变化研究试验，发现两种凋落物类型对温湿度和降雨的响应没有差别，而风速仅对红松有极显著影响，对蒙古栎凋落物没有影响。野外实验结果也印证了室内模拟试验中单独风速条件下，红松床层含水率动态变化对风速的响应更敏感。当前含水率预测模型选择的主流方法为气象要素回归法及直接估计法，但前人的研究主要集中在以日为步长的研究中[28, 56, 78]，应用结果较好，为了验证两种预测方法在以时为步长的含水率预测模型中的适用性，在防火戒严期，本研究通过野外监测试验建立蒙古栎和红松凋落物日变化预测模型，发现气象要素回归法的预测精度较高，但无法应用，气象要素回归法不适用的原因可能是气象因子选择不恰当所致。本研究得到两种凋落物床层时滞要高于宏洲[119-121]研究结果，甚至高达4倍，这主要是由于采样方法不同导致，本研究监测时为非破坏性采样而其研究为破坏性采样，非破坏性采样没有影响床层结构，得到的为整个凋落物床层的时滞，因此结果较高。这些结果证明，直接估计在以时为步长的含水率预测模型中的适用性，解释了野外凋落物床层含水率日动态变化情况，对提高含水率预测精度有重要意义。

本研究通过室内模拟温度、湿度、风速和降雨，分析了4种气象要素对蒙古栎和红松凋落物含水率动态变化的影响。但由于室内条件的局限性，气象因子设定区间较小，对于较大数值时风速、降雨等气象因子对含水率动态变化影响的研究并未进行。而且，室内构建的凋落物床层结构与野外实际结构有些许差异，对试验结果可能会造成一定的误差。在以后的深入研究中，应该扩大气象因子的梯度范围，在不同范围内可能凋落物床层含水率对其的响应机理会出现不同的结果。此外还应该考虑这些气象因子对含水率变化影响的微观机理，这样对于理解气象因子对凋落物床层含水率变化的影响有很大帮助。野外监测试验仅监测了一个防火期，探讨了该防火期内含水率动态变化和预测方法的适用性，但季节对含水率动态变化的影响结果不同，在以后的研究中，还应该增加其他影响因素，综合研究。

总之，本研究基于室内模拟试验和野外监测方法，通过分析蒙古栎和红松两种凋落物床层含水率动态变化，探索了主要气象因素对不同结构床层含水率变化的影响，得到中间参数预测模型，分析了直接估计法和气象要素回归法的适用性，推进了凋落物含水率预测模型的理论研究，对提高含水率预测精度和林火预测预报准确度有重要意义。

8.2　结论

森林地表凋落物作为森林火灾发生的引火物，决定了林火发生概率及初始蔓延速率，因此，林内地表凋落物含水率预测是森林火险预报的核心任务。地表凋落物含水率动态变化过程主要受气象因子的驱动，以往由于对气象因子影响含水率变化机理研究得不深入，以及预测模型步长尺度选择较大，导致含水率预测存在一定误差。本研究系统深入地定量探讨了各种单独气象因子对不同结构的林内地表凋落物床层含水率变化过程的影响，初步得到了空气温度、相对湿度、风速及降水量对不同密实度的凋落物床层平衡含水率、失水系数、饱和含水率及饱和时间等含水率预测模型中关键参数的影响，并以小时为尺度进行野外地表凋落物床层含水率的连续监测试验，得到其日动态变化规律，建立了以小时为步长的含水率预测模型，提高了预测精度。主要得到以下结论。

（1）温湿度固定不变时，不同密实度的蒙古栎和红松凋落物床层含水率都呈指数下降。床层结构对两种凋落物床层平衡含水率没有影响，仅与空气温度和相对湿度显著相关。空气温度对平衡含水率的影响受相对湿度的作用，在高湿条件下，空气温度的细小变化更容易引起凋落物含水率的变化。相对湿度对平衡含水率的影响不受空气温度作用，且相对湿度每个梯度的改变都会显著改变凋落物床层平衡含水率。选择Nelson法和Simard法进行两种凋落物的平衡含水率预测模型拟合，Simad法优于Neslon法。

（2）红松凋落物床层失水系数高于蒙古栎凋落物床层，床层含水率对温湿度的响应要比蒙古栎床层更敏感。两种凋落物床层失水系数受空气温度、相对湿度和床层密实度的显著影响。固定相对湿度和床层密实度，床层失水系数与温度呈指数变化，建立了形如$k=ae^{bT}$的两种凋落物类型的床层失水系数预测模型，模型误差均在可接受范围内。

（3）蒙古栎和红松凋落物床层含水率在固定风速作用下随时间变化呈指数下降。随着床层含水率下降，风速对其的影响逐渐减弱。床层含水率>35%水分以蒸发为主，当床层含水率低于35%时，水分以扩散形式散失。风速和密实度对两种凋落物床层失水系数均有显著影响，且随着床层密实度增加，风速对失水系数的影响逐渐减弱。从无风到有风状态，两种可燃物类型的凋落物床层失水系数都倍增。

（4）不同结构的蒙古栎凋落物床层的失水系数范围为0.325～1.646h^{-1}，随风速先增加后减小，3m·s^{-1}时达到最大，建立了形如$k=aw^2+bw+c$的失水系数预测模型。不同密实度时的红松床层失水系数变化范围为0.0319～1.224h^{-1}，床层失水系数随风速增加而增大，建立了形如$k=aw$的失水系数预测方程。风速对床层失水系数的影响有双重性，既能加快水分散失，又会降低凋落物温度，降低失水速率，因此对于固定密实度的凋落物床层，失水系数都随着风速增加先增加后减小，有最大值，且随着床层密实度的增加，失水系数最大时对应的风速值也在增加。两种凋落物床层失水系数预测模型的误差均在可接受范围内。

（5）蒙古栎和红松凋落物床层含水率在降雨条件下呈对数增加，蒙古栎比红松床层饱和含水率要高，且更容易达到饱和。对于蒙古栎床层，降水量和密实度对床层饱和时间有极显著的影响；对于红松针叶床层，其饱和时间受降水量、密实度和床层初始含水率的作用。床层初始含水率对饱和时间是否有影响主要取决于床层密实度，密实度越大，凋落物间水汽交换增强，床层初始含水率对饱和时间的影响越显著。

（6）降水量和床层密实度对蒙古栎和红松凋落物床层饱和含水率有极显著的影响，与床层初始含水率不相关。分别床层密实度，以降水量为自变量，饱和时间和饱和含水率为因变量，建立了形如 $T=aR+b$ 和 $M_s=aR+b$ 的两种可燃物类型饱和时间与饱和含水率预测模型，模型误差均在可接受范围内。

（7）空气温度和相对湿度具有稳定日变化，00：00—14：00空气温度增加，其余时刻下降；相对湿度与空气温度变化趋势正好相反；风速和降雨没有稳定的日变化规律。蒙古栎和红松地表凋落物床层含水率具有强烈的日变化规律，无降雨时，从00：00—8：40床层含水率开始上升，然后开始下降，至13：40—15：40，然后又开始上升；降雨时床层含水率都显著上升，每日随机出现的风会使日变化规律有细微波动，但总体趋势未变。

（8）空气温度、相对湿度和降雨对野外地表凋落物床层含水率变化有极显著影响，含水率变化对气象因子的响应有一定滞后性，气象因子采集时间与含水率监测时间差距越大，两者相关性越差。蒙古栎凋落物床层含水率变化与风速不相关，红松凋落物床层含水率动态变化与当前风速及前 n 小时的平均风速显著相关。

（9）以时为步长建立凋落物含水率预测模型精度要优于以日为步长，两种凋落物床层含水率日动态变化预测模型都是Simard法效果最好，Nelson法次之，气象要素回归法最差。Simard法预测误差主要出现在含水率波动较大的拐点，预测值相对于实测值有一定的滞后；白天Nelson法的预测效果要优于夜间。

参考文献

［1］ 胡海清. 林火生态与管理[M]. 北京：中国林业出版社，2005.

［2］ 郑焕能，居恩德. 火在森林生态平衡中的作用[J]. 森林防火，1984（Z1）：12-19.

［3］ 舒立福，田晓瑞. 国外森林防火工作现状及展望[J]. 世界林业研究，1997，10（2）：28-36.

［4］ 赵凤君，舒立福，田晓瑞，等. 森林火险中长期预测预报研究进展[J]. 世界林业研究，2007，20（2）：55-59.

［5］ Yuchi W，Yao J，Mclean K E，et al. Blending Forest Fire Smoke Forecasts with Observed Data can Improve their Utility for Public Health Applications[J]. Atmospheric Environment，2016，146：308-317.

［6］ Chowdhury E H，Hassan Q K. Operational Perspective of Remote Sensing-based Forest Fire Danger Forecasting System[J]. ISPRS Journal of Photogrammetry and Remoting Sensing，2015，104：224-236.

［7］ 舒展. 气候变化对大兴安岭塔河林业局森林火灾的影响研究[D]. 哈尔滨：东北林业大学，2011.

［8］ 郑焕能. 中国东北林火[M]. 哈尔滨：东北林业大学出版社，2000.

［9］ Sokolova G V，Makogonov S V. Development of the Forerst Fire Forecast Method（a Case Study for the Far East）[J]. Russian Meteorology & Hydrology，2013，38（4）：222-226.

［10］ Rothermel R C，Wilson R A，Morris G A，et al. Modelling Moisture Content of Fine Dead Wildland Fuels：Inpute to the BEHAVE Fire Prediction System[J]. USDA Forest Service Intermountain Research Station Research Paper，1986，11（359）：1-61.

［11］ 何忠秋，张成钢. 森林可燃物湿度研究综述[J]. 世界林业研究，1996，9（5）：26-30.

［12］ Maesdensmedley J B，Catchpole W R. Fire Modelling in Tasmanian Buttongrass Moorlands. Ⅲ. Dead Fuel Moisture[J]. International Journal of Wildland Fire，2001，10：241-253.

［13］ Chuvieco E，Aguado I，Dimitrakopoulos A P. Conversion of Fuel Moisture Content Values to Ignition Potential For Integrated Fire Danger Assessment[J]. Canadian Journal of Forest Research，2004，34（34）：2 284-2 293.

［14］ Deeming J E. The National Fire-Danger Rating System—Latest Development[R].

USDA Forest Service General Technical Report，1976.

[15] Bradshaw L S，Deeming J E，Burgan R E，et al. The 1978 National Fire-danger Rating System：Technical Documentation[R]. USDA Forest Service General Technical Report，1984（INT-169）：1-41.

[16] 刘曦，金森. 平衡含水率法预测死可燃物含水率的研究进展[J]. 林业科学，2007，43（12）：126-133.

[17] 姚树人，文定元. 森林消防管理学[M]. 北京：中国林业出版社，2002.

[18] Nelson R M. Prediction of Diurnal Change in 10-h Fuel Stick Moisture Content[J]. Canadian Journal of Forest Research，2000，30（7）：1 071-1 087.

[19] Anderson H E. Mechanisms of Fire Spread Research Progress Report No. 1[R]. U. S. Forest Service Research Paper INT-28，1966.

[20] 郑焕能. 森林防火[M]. 哈尔滨：东北林业大学出版社，1992.

[21] 邸雪颖. 林火预测预报[M]. 哈尔滨：东北林业大学出版社，1999.

[22] 王瑞君，于建军，郑春燕. 森林可燃物含水率预测及燃烧性等级划分[J]. 森林防火，1997（2）：16-17.

[23] 金森，李绪尧，李有祥. 几种细小可燃物失水过程中含水率的变化规律[J]. 东北林业大学学报，2000，28（1）：35-38.

[24] Luke R H，Mcarthur A G. Bush Fires in Australia[J]. European Journal of Surgical Oncology，1978，22（4）：354-358.

[25] Otway S G，Bork E W，Anderson K，et al. Relating Changes in Duff Moisture to the Canadian Forest Fire Weather Index System in Populus Tremuloides Stands in Elk Island Ination Park[J]. Canadian Journal of Forest Research，2007，37：1 987-1 998.

[26] Pech G Y. A Model to Predict the Moisture Content of Reindeer Lichen[J]. Forest Science，1990，35（4）：1 014-1 028.

[27] Pook E W，Gill A M. Variation of Live and Dead Fine Fuel Moisture in Pinus radiata Plantations of the Australian-Capital-Territory[J]. International Journal of Wildland Fire，1993，3：155-168.

[28] Ruiz A D，Maseda C M，Lourido C，et al. Possibilities of Dead Fine Fuels Moisture Prediction in Pinus Pinaster Ait. Stands at "Cordal de Ferreiros"（Lugo，north-western of Spain）[C]. Forest Fire Research & Wildland Fire Safety：IV International Conference on Forest Fire Research Wildland Fire Safety Summit. 2002.

[29] Viegas D X，Bovio G，Ferreira A，et al. Comparative Study of Various Methods of Fire Danger Evaluation in Southern Europe[J]. International Journal of Wildland Fire，1999，9（4）：235-246.

[30] Anderson H E，Mutch R W，Schuette R D. Timelag and Equilibrium Moisture Content of Ponderosa Pine Needles[R]. United States Department of Agriculture，1978（INT-202）：1-25.

[31] Viney N R. A Review of Fine Fuel Moisture Modelling[J]. International Journal of Wildland Fire，1991，1：215-234.

[32] Gisborne H T. Using Weather Forecasts For Predicting Forest-fire Danger[J]. Mon. wea. rev, 1925, 53（2）: 58.

[33] Byram G M, Jemison G M. Solar Radiation and Forest Fuel Moisture[J]. Journal of Agricultural Research, 1943, 67（4）: 149-176.

[34] Matthews S, Mccaw W L. A Next-generation Fuel Moisture Model for Fire Behaviour Prediction[J]. Forest Ecology & Management, 2006, 234: S27-30.

[35] Catchpole E A, Catchpole W R, Viney N R, et al. Estimating Fuel Response Time and Predicting Fuel Moisture Content from Field Data[J]. International Journal of Wildland Fire, 2001, 10: 215-222.

[36] Toomey M, Vierling L A. Multispectral Remote Sensing of Landscape Level Foliar Moisture: Techniques and Applications for Forest Ecosystem Monitoring[J]. Revue Canadienne De Recherche Forestière, 2005, 35（5）: 1 087-1 097.

[37] 单延龙, 刘乃安, 胡海清, 等. 凉水自然保护区主要可燃物类型凋落物层的含水率[J]. 东北林业大学学报, 2005, 33（5）: 41-43.

[38] Viegas D X, Viegas M, Ferreira A D. Moisture Content of Fine Forest Fuels and Fire Occurrence in Central Portugal[J]. International Journal of Wildland Fire, 1992, 2（2）: 69-86.

[39] Pellizzaro G, Cesaraccio C, Duce P, et al. Influence of Seasonal Weather Variations and Vegetative Cycle on Live Moisture Content and Ignitability in Mediterranean Maquis species[J]. Forest Ecology & Management, 2006, 234: S111-S126.

[40] Saglam B, Bilgili E, Kuçuk O, et al. Determination of Surface Fuels Moisture Contents Based on Weather Conditions[J]. Forest Ecology & Management, 2006, 234: S75.

[41] Tudela A, Castro F X, Serra I, et al. Modelling and Hourly Predictive Capacity of Temperature and Moisture of 10h Fuel Sticks[J]. Forest Ecology & Management, 2006, 234: S74.

[42] González A D R, Hidalgo J A V. Moisture Content of Dead Fuels in Pinus Radiata and Pinus Pinaster Stands; Intrinsic Factors of Variation[J]. Forest Ecology & Management, 2006, 234: S48.

[43] 张思玉, 蔡金榜, 陈细目. 杉木幼林地表可燃物含水率对主要火环境因子的响应模型[J]. 浙江农林大学学报, 2006, 23（4）: 439-444.

[44] Flannigan M D, Wotton B M, Marshall G A, et al. Fuel Moisture Sensitivity to Temperature and Precipitation: Climate Change Implications[J]. Climatic Change, 2016, 134（1-2）: 59-71.

[45] Nyman P, Metzen D, Noske P J, et al. Quantifying the Effects of Topographic Aspect on Water Content and Temperature in Fine Surface Fuel[J]. International Journal of Wildland Fire, 2015, 24（8）: 1 129-1 142.

[46] Jiménez-Pinilla P, Doerr S H, Ahn S, et al. Effects of Relative Humidity on the Water Repellency of Fire-affected Soils[J]. Catena, 2016, 138: 68-76.

[47] Simard A J. The Moisture Content of Forest Fuels[R]. Forest Fire Research Institute,

1968（FF-X-14）：1-46.

[48] Wagner C E V. Equilibrium Moisture Contents of some Fine Forest Fuels in Eastern Canada[R]. Information Report Petawawa Forest Experiment Station，1972.

[49] Britton C M，Countryman C M，Wright H A，et al. The Effect of Humidity，Air Temperature，and Wind Speed on Fine Fuel Moisture Content[J]. Fire Technology，1973，9（1）：46-55.

[50] Wagner C E V. A Laboratory Study of Weather Effects on the Drying Rate of Jack Pine[J]. Canadian Journal of Forest Research，1979，9（2）：267-275.

[51] 张俪斌，孙萍，金森. 风速对蒙古栎阔叶床层失水过程的影响[J]. 应用生态学报，2016（27）：3 463-3 468.

[52] 张运林，孙萍，胡海清，等. 风速对不同结构红松针叶床层失水系数影响的室内模拟研究[J]. 中南林业科技大学学报，2018，38（3）：51-58.

[53] 金森，张俪斌，于宏洲. 风速对红松针叶床层两个重要失水时间的影响[J]. 中南林业科技大学学报，2016（36）：6-10.

[54] 马壮. 降雨对蒙古栎、红松两种可燃物床层含水率变化影响的模拟研究[D]. 哈尔滨：东北林业大学，2017.

[55] Holden Z A，Jolly W M. Modeling Topographic Influences on Fuel Moisture and Fire Danger in Complex Terrain to Improve Wildland Fire Management Decision Support[J]. Forest Ecology & Management，2012，262（12）：2 133-2 141.

[56] Samran S，Woodard P M，Rothwell R L. The Effect of Soil Water on Ground Fuel Availabilty[J]. Forest Science，1995，41（41）：255-267.

[57] 田甜，邸雪颖. 森林地表可燃物含水率变化机理及影响因子研究概述[J]. 森林工程，2013（29）：21-25.

[58] 胡海清，梁宇，孙龙，等. 室内模拟坡向和坡度对可燃物含水率的影响[J]. 森林与环境学报，2016（1）：80-85.

[59] Nelson J R，Ralph M. A Method for Describing Equilibrium Moisture Content of Forest Fuels[J]. Canadian Journal of Forest Research，1984，14（4）：597-600.

[60] Anderson H E. Moisture Diffusivity and Response Time in Fine Forest Fuels[J]. Canadian Journal of Forest Research，1990，20（4）：315-325.

[61] Lawson B D，Armitage O B，Hoskins W D. Diurnal Variation in the Fine Fuel Moisture Code：Tables and Computer Source Code[R]. Frda Report，1996.

[62] Schiks T J，Wotton B M. Modifying the Canadian Fine Fuel Moisture Code for masticated surface fuels[J]. International Journal of Wildland Fire，2015，24（1）：79.

[63] Yebra M，Chuvieco E，Riaño D. Investigation of a Method to Estimate Live Fuel Moisture Content From Satellite Measurements in Fire Risk Assessment[J]. Forest Ecology & Management，2006，234：S32-S43.

[64] Matthews S，Mccaw W L，Neal J E，et al. Testing a Process-based Fine Fuel Moisture Model in Two Forest Types[J]. Canadian Journal of Forest Research，2007，37（1）：23-35.

［65］ Matthews S，Gould J，Mccaw L. Simple Models For Predicting Dead Fuel Moisture in Eucalyptus Forests[J]. International Journal of Wildland Fire，2010，19（4）：459-467.

［66］ Matthews S. A Process-based Model of Fine Fuel Moisture[J]. International Journal of Wildland Fire，2006，15（2）：155-168.

［67］ 王超，高红真，程顺，等. 塞罕坝林区森林可燃物含水率及火险预报[J]. 林业工程学报，2009（23）：59-62.

［68］ 李世友，舒清态，马爱丽，等. 华山松人工林凋落物层细小可燃物含水率预测模型研究[J]. 林业资源管理，2009（1）：84-89.

［69］ Slijepcevic A，Anderson W R，Matthews S. Testing Existing Models for Predicting Hourly Variation in Fine Fuel Moisture in Eucalypt Forests[J]. Forest Ecology & Management，2013，306：202-215.

［70］ Jin S，Chen P. Modelling Drying Processes of Fuelbeds of Scots Pine Needles with Initial Moisture Content Above the Fibre Saturation Point by Two-phase Models[J]. International Journal of Wildland Fire，2012，21（4）：418.

［71］ Trowbridge R，Feller M C. Relationships between the Moisture Content of Fine Woody Fuels in Lodgepole Pine Slash and the Fine Fuel Moisture Code of the Canadian Forest Fire Weather Index System[J]. Canadian Journal of Forest Research，1988，18：132-135.

［72］ Mahapatra A. Influence of Moisture Content and Temperature on Thermal Conductivity and Thermal Diffusivity of Rice Flours[J]. International Journal of Food Properties，2011，14（3）：675-683.

［73］ 金森，姜文娟，孙玉英. 用时滞和平衡含水率准确预测可燃物含水率的理论算法[J]. 森林防火，2000（4）：12-14.

［74］ 王会研，李亮，金森，等. 一种新的可燃物含水率预测方法介绍[J]. 森林防火，2008（4）：11-12.

［75］ 王会研，李亮，刘一，等. 加拿大火险天气指标系统在塔河林业局的适用性[J]. 东北林业大学学报，2008，36（11）：45-47.

［76］ 李亮. 帽儿山林场地表死可燃物含水率预测研究[D]. 哈尔滨：东北林业大学，2009.

［77］ 金森，李亮. 时滞和平衡含水率直接估计法的有效性分析[J]. 林业科学，2010，46（2）：95-102.

［78］ Simard A J，Main W A. Comparing Methods of Predicting Jack Pine Slash Moisture[J]. Canadian Journal of Forest Research，1982，12（12）：793-802.

［79］ Simard A J，Eenigenburg J E，Blank R W. Predicting Fuel Moisture in Jack Pine Slash：a Test of Two Systems[J]. Canadian Journal of Forest Research，1984，14（1）：68-76.

［80］ Groot W J D，Wardati，Wang Y. Calibrating the Fine Fuel Moisture Code for Grass Ignition Potential in Sumatra，Indonesia[J]. International Journal of Wildland Fire，2005，14（2）：161-168.

［81］ Wotton B M，Stocks B J，Martell D L. An Index for Tracking Sheltered Forest Floor Moisture within the Canadian Forest Fire Weather Index System[J]. International Journal of Wildland Fire, 2005, 14: 169-182.

［82］ Wotton B M, Beverly J L. Stand-specific Litter Moisture Content Calibrations for the Canadian Fine Fuel Moisture Code[J]. International Journal of Wildland Fire, 2007, 16: 463-472.

［83］ 王明玉. 气候变化背景下中国林火响应特征及趋势[D]. 北京：中国林业科学研究院，2009.

［84］ 王金叶，车克钧. 可燃物含水率与气象要素相关性研究[J]. 甘肃林业科技，1994（2）：21-23.

［85］ 王得祥，徐钊. 细小可燃物含水率与气象因子关系的研究[J]. 西北林学院学报，1996（1）：35-39.

［86］ Viegas D X, Piñol J, Viegas M T, et al. Estimating Live Fine Fuels Moisture Content Using Meteorologically-based Indices[J]. International Journal of Wildland Fire, 2001, 10: 223-240.

［87］ Wagner C E V. A Method of Computing Fine Fuel Moisture Content Throughout the Diurnal Cycle[R]. 1977（PS-X-69）: 1-9.

［88］ Carlson J D, Bradshaw L S, Nelson R M, et al. Application of the Nelson Model to Four Timelag Fuel Classes Using Oklahoma Field Observations: Model Evaluation and Comparison with National Fire Danger Rating System Algorithms[J]. International Journal of Wildland Fire, 2007, 16（2）: 204-216.

［89］ 金森，张运林，朱凯月，等. 烟头点燃蒙古栎落叶床层的概率[J]. 东北林业大学学报，2014，42（8）：75-78.

［90］ 武静莲，王淼，蔺菲，等. 降水变化和种间竞争对红松和蒙古栎幼苗生长的影响[J]. 应用生态学报，2009，20（2）：235-240.

［91］ 褚腾飞. 平地无风条件下蒙古栎阔叶床层的火行为研究[D]. 哈尔滨：东北林业大学，2011.

［92］ 张恒，孙子健，张运林，等. 不同距离气象数据对细小可燃物含水率预测模型精度的影响[J]. 浙江农林大学学报，2018，104（3）：529-536.

［93］ 张恒. 大兴安岭地表死可燃物含水率预测的影响因素[D]. 哈尔滨：东北林业大学，2014.

［94］ 金森，李亮，赵玉晶. 用直接估计法预测落叶松枯枝含水率的稳定性和外推误差分析[J]. 林业科学，2011，47（6）：114-121.

［95］ Byram G M, Nelson R M. An Analysis of the Drying Process in Forest Fuel Material[R]. General Technical Report-Southern Research Station, USDA Forest Service, 2015.

［96］ 王家华，高海余. 利用循环交叉验证法确定变异函数[J]. 西安石油学院学报，1992（4）：3-9.

［97］ Zhang Y L, Sun P. Study on the Diurnal Dynamic Changes and Prediction Models of the Moisture Contents of Two Litters[J]. Forests, 2020, 11, 95.

［98］ Pixton S W, Warburton S. Moisture Content/Relative Humidity Equilibrium of Some Cereal Grains at Different Temperatures[J]. Journal of Stored Products Research, 1971, 6（4）: 283-293.

［99］ 刘曦.温度和湿度对可燃物平衡含水率的影响[D].哈尔滨：东北林业大学，2007.

［100］ 金森，陈鹏宇.樟子松针叶床层结构对失水过程中含水率参数的影响[J].林业科学，2011，47（4）：114-120.

［101］ Ruiz A D，Vega J A，Álvarez J G. Construction of Empirical Models for Predicting Pinus sp. Dead Fine Fuel Moisture in NW Spain. I：Response to Changes in Temperature and Relative Humidity[J]. International Journal of Wildland Fire，2009，18（1）：71-83.

［102］ 胡海清，陆昕，孙龙，等.气温和空气相对湿度对森林地表细小死可燃物平衡含水率和时滞的影响[J].植物生态学报，2016，40（3）：221-235.

［103］ 张景群.不同树种含水率季节变化的测定[J].森林防火，2000（2）：17-18.

［104］ 陆昕.大兴安岭典型林分地表死可燃物含水率动态变化及预测模型研究[D].哈尔滨：东北林业大学，2016.

［105］ 刘曦，金森.湿度对可燃物时滞和平衡含水率的影响[J].东北林业大学学报，2007，35（5）：44-46.

［106］ 高国平，魏振宏，祁金玉，等.温度对细小可燃物平衡含水率和时滞的影响[J].西北林学院学报，2010，25（4）：110-114.

［107］ 吴娟，闫盈盈.平衡含水率法建模的研究[J].哈尔滨商业大学学报（自然科学版），2012，28（1）：78-82.

［108］ Acharjee T C，Coronella C J，Vasquez V R. Effect of Thermal Pretreatment on Equilibrium Moisture Content of Lignocellulosic Biomass[J]. Bioresource Technology，2011，102（7）：4 849-4 854.

［109］ Passarini L，Malveau C，Hernández R E. Distribution of the Equilibrium Moisture Content in Four Hardwoods Below Fiber Saturation Point with Magnetic Resonance Microimaging[J]. Wood Science & Technology，2015，49：1-18.

［110］ Cordeiro D S，Raghavan G S V，Oliveira W P. Equilibrium Moisture Content Models for Maytenus ilicifolia Leaves[J]. Biosystems Engineering，2006，94（2）：221-228.

［111］ Wagner C E V. Structure of Canadian Forest Fire Weather Index[R]. 1974（Fo47-1333）：1-39.

［112］ Heatwole H. Moisture Exchange between the Atmosphere and Some Lichens of the Genus Cladonia[J]. Mycologia，1966，58（1）：148-156.

［113］ Kershaw K A，Smith M M. Studies on Lichen-dominated Systems. XXI. The Control of Seasonal Rate[J]. Canadian Journal of Botany，1978，56（2）：2 825-2 830.

［114］ Smith D C. The Biology of Lichen Thalli[J]. Biological Reviews，2010，37（4）：537-570.

［115］ Lange O L. Moisture Content and CO_2 Exchange of Lichens[J]. Oecologia，1980，45（1）：82-87.

［116］ 曲智林，李昱烨，闫盈盈.可燃物含水率实时变化的预测模型[J].东北林业大学学报，2010，38（6）：66-67.

［117］ 毛卫星，童德海，张程，等.落叶松林地表死可燃物含水率的空间异质性和取样方

法[J]. 东北林业大学学报，2012，40（5）：29-33.

［118］ 胡海清，罗斯生，罗碧珍，等. 森林可燃物含水率及其预测模型研究进展[J]. 世界林业研究，2017（30）：64-69.

［119］ 于宏洲. 以小时为步长的大兴安岭地表细小可燃物含水率预测方法研究[D]. 哈尔滨：东北林业大学，2013.

［120］ 于宏洲，金森，邸雪颖. 以时为步长的塔河林业局白桦林地表死可燃物含水率预测方法[J]. 林业科学，2013，49（12）：108-113.

［121］ 于宏洲，金森，邸雪颖. 以小时为步长的大兴安岭兴安落叶松林地表可燃物含水率预测模型[J]. 应用生态学报，2013，24（6）：1 565-1 571.

［122］ 张恒，董川成，牛屾，等. 不同采样方法对细小可燃物含水率预测模型精度的影响[J]. 中南林业科技大学学报，2018，38（5）：33-39.

［123］ 张运林，张恒，金森. 基于Logistic回归的烟头点燃红松松针概率研究[J]. 中南林业科技大学学报，2015，35（9）：45-51.

［124］ 居恩德，陈贵荣，王瑞君. 可燃物含水率与气象要素相关性的研究[J]. 森林防火，1993（1）：17-21.

［125］ 于成龙，胡海清，魏荣华. 大兴安岭塔河林业局林火动态气象条件分析[J]. 东北林业大学学报，2007，35（8）：23-25.

［126］ Weidman R H. Relation of Weather Forecasts to the Prediction of Dangerous Forest Fire Conditions[J]. Monthly Weather Review，1923，51：563-564.

［127］ 贺萍，孟超，田丰. 小兴安岭地区森林地被可燃物含水率变化规律及其与森林火险等级关系[J]. 黑龙江气象，2008，25（3）：25-27.

［128］ Palmer K F，Williams D. Optical Properties of Water in the Near Infrared[J]. Journal of the Optical Society of America（1917—1983），1974，64（8）：1 107-1 110.

［129］ Sudiana D，Kuze H，Takeuchi N，et al. Assessing Forest Fire Potential in Kalimantan Island，Indonesia，Using Satellite and Surface Weather Data[J]. International Journal of Wildland Fire，2003，12（2）：175-184.

［130］ 陆昕，胡海清，孙龙，等. 大兴安岭地表细小死可燃物含水率预测模型[J]. 东北林业大学学报，2016，44（7）：84-90.

［131］ 胡海清，陆昕，孙龙，等. 大兴安岭典型林分地表死可燃物含水率动态变化及预测模型[J]. 应用生态学报，2016，27（7）：2 212-2 224.